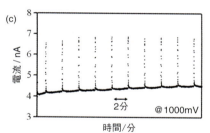

口絵 1　脳内ドーパミン測定
[詳細は p.57, 図 4.9 参照]

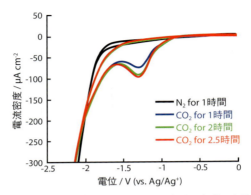

口絵2 メタノール中に溶解したCO_2のサイクリックボルタモグラム
[詳細は p.77,図 4.17 参照]

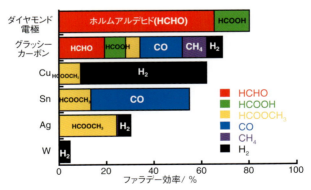

口絵3 さまざまな電極材料を用いてCO_2還元電解を行った際の生成物(メタノール中)
[詳細は p.77,図 4.18 参照]

化学の要点シリーズ 14

ダイヤモンド電極

日本化学会 [編]

栄長泰明 [著]

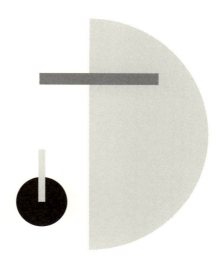

共立出版

『化学の要点シリーズ』編集委員会

編集委員長	井上晴夫	首都大学東京 人工光合成研究センター長・特任教授
編集委員 （50音順）	池田富樹	中央大学 研究開発機構　教授
	伊藤　攻	東北大学　名誉教授
	岩澤康裕	電気通信大学 燃料電池イノベーション研究センター長・特任教授 東京大学　名誉教授
	上村大輔	神奈川大学 理学部化学科　教授 名古屋大学　名誉教授
	佐々木政子	東海大学　名誉教授
	高木克彦	公益財団法人　神奈川科学技術アカデミー研究顧問兼有機太陽電池評価プロジェクトプロジェクトリーダー 名古屋大学　名誉教授
本書担当編集委員	高木克彦	公益財団法人　神奈川科学技術アカデミー研究顧問兼有機太陽電池評価プロジェクトプロジェクトリーダー
	馬飼野信一	公益財団法人　神奈川技術アカデミー 専務理事 兼　地域イノベーション戦略支援プログラムプロジェクトディレクター

『化学の要点シリーズ』
発刊に際して

　現在，我が国の大学教育は大きな節目を迎えている．近年の少子化傾向，大学進学率の上昇と連動して，各大学で学生の学力スペクトルが以前に比較して，大きく拡大していることが実感されている．これまでの「化学を専門とする学部学生」を対象にした大学教育の実態も大きく変貌しつつある．自主的な勉学を前提とし「背中を見せる」教育のみに依拠する時代は終焉しつつある．一方で，インターネット等の情報検索手段の普及により，比較的安易に学修すべき内容の一部を入手することが可能でありながらも，その実態は断片的，表層的な理解にとどまってしまい，本人の資質を十分に開花させるきっかけにはなりにくい事例が多くみられる．このような状況で，「適切な教科書」，適切な内容と適切な分量の「読み通せる教科書」が実は渇望されている．学修の志を立て，学問体系のひとつひとつを反芻しながら咀嚼し学術の基礎体力を形成する過程で，教科書の果たす役割はきわめて大きい．

　例えば，それまでは部分的に理解が困難であった概念なども適切な教科書に出会うことによって，目から鱗が落ちるがごとく，急速に全体像を把握することが可能になることが多い．化学教科の中にあるそのような，多くの「要点」を発見，理解することを目的とするのが，本シリーズである．大学教育の現状を踏まえて，「化学を将来専門とする学部学生」を対象に学部教育と大学院教育の連結を踏まえ，徹底的な基礎概念の修得を目指した新しい『化学の要点シリーズ』を刊行する．なお，ここで言う「要点」とは，化学の中で最も重要な概念を指すというよりも，上述のような学修する際の「要点」を意味している．

本シリーズの特徴を下記に示す．
1) 科目ごとに，修得のポイントとなる重要な項目・概念などをわかりやすく記述する．
2)「要点」を網羅するのではなく，理解に焦点を当てた記述をする．
3)「内容は高く」，「表現はできるだけやさしく」をモットーとする．
4) 高校で必ずしも数式の取り扱いが得意ではなかった学生にも，基本概念の修得が可能となるよう，数式をできるだけ使用せずに解説する．
5) 理解を補う「専門用語，具体例，関連する最先端の研究事例」などをコラムで解説し，第一線の研究者群が執筆にあたる．
6) 視覚的に理解しやすい図，イラストなどをなるべく多く挿入する．

本シリーズが，読者にとって有意義な教科書となることを期待している．

『化学の要点シリーズ』編集委員会
井上晴夫（委員長）
池田富樹　伊藤　攻　岩澤康裕　上村大輔　佐々木政子　高木克彦

はじめに

　地球環境・エネルギー問題など多くの課題を抱え，変化の激しい現代社会において，科学技術の果たす役割はますます大きくなっています．そのような中，さまざまな視点から研究開発が進められていますが，「新しい機能をもつ材料開発」という観点でも革新的な技術が求められています．

　「ダイヤモンド」は誰もが知る魅力的な材料です．宝石としてのすばらしさはもちろん，工業材料としても，多くの優れた特性をもっています．しかしながら筆者は，このような「誰もが知る材料」であっても，少しの工夫を施すことによって，未踏の領域を見出すことができ，将来さらに大きく展開できる可能性があるということを，この十数年で目の当たりにしてきました．本書では，そのような「新しい機能をもつ材料」として認識されつつある「ダイヤモンド電極」を紹介します．

　「ダイヤモンド」は，ギリシア語のアダマス（adámas：征服されない，屈しない）に由来し，文献としては，聖書の中に登場するのが最初であると言われていますが，紀元前数世紀から知られていたとされています．宝石としての高い価値や魅力は，最高硬度からくる「安定性＝永遠」と，高い屈折率からくる「輝き」から生み出されているといえるでしょう．一方，1955年にアメリカのゼネラルエレクトリック（GE）社が，高圧法によって人工ダイヤモンドを合成することに成功して以来，工業用のダイヤモンドも広く利用されるようになり，ダイヤモンドは，工業材料としての別の魅力的な顔を見せるようにもなってきました．さらに，1982年の化学気相法（CVD法）の開発により，不純物を含むダイヤモンドの精密な

合成が可能となってからは，半導体材料としての新しい顔が見えてきました．このように，ダイヤモンドは常に人々を魅了してきた材料ですが，ダイヤモンドの長い歴史からみると，「ダイヤモンド電極」はこの20年で大きく展開してきた，新しい分野，材料です．すなわち，既存の材料，誰もが知る材料を，さらに別の角度から見ることによって，また一つの新たな顔が見えてきたともいえるでしょう．筆者はこの十数年，この「ダイヤモンド電極」の魅力にひかれて研究を進めてきましたが，現在もなお，次々に新しい顔を見せてくれています．

　本書では，ダイヤモンド電極の応用例をいくつか紹介していますが，一部は産業への展開も進んでいて，今後の展開が楽しみなところです．しかし，熟しつつあるとはいえ，やはりまだ20年，ダイヤモンド電極を扱えば扱うほど，産業への展開を図ろうとすればするほど，「なぜダイヤモンド電極はこのような優れた電極特性を示すのか？」「なぜ他の炭素材料とはこれほど異なるのか？」などという疑問が尽きません．すなわち，基本的な材料としての基礎評価の重要性がますます高まってきているだけでなく，その特異な材料物性そのものの魅力も大きくなってきているというのが現状です．本書によって，このような「古くて新しい」ダイヤモンド電極の魅力を一人でも多くの方に伝えることができ，また新しい顔を見つけるべく「ダイヤモンド電極」の研究を進める人が一人でも増えるとすれば，筆者にとっては望外の喜びとなります．

　最後に，この魅力的な「ダイヤモンド電極」という材料に出会うきっかけを作ってくださり，この研究の道に導いてくださった，東京理科大学学長の藤嶋昭先生には，常に貴重なご助言，ご指導を賜りました．心より御礼申し上げます．

　また，2011年より，科学技術振興機構（JST）の戦略的創造研究

推進事業（CRESTおよびACCEL）に採択していただき，「ダイヤモンド電極」の研究を強力に推進する機会をいただきました．「元素戦略」総括の玉尾皓平先生をはじめ，JST関係者の皆様にも厚く御礼申し上げます．また，筆者とともにダイヤモンド電極の展開に尽力してくださった多くの共同研究者の皆様，T. A. Ivandini博士，渡辺剛志博士をはじめとする研究室のスタッフ，学生諸君，また，本書の内容に深みを加えてくれたコラム執筆者の方々にも深く感謝いたします．

また，編集委員長の井上晴夫先生はじめ，高木克彦先生，馬飼野信一先生，共立出版の酒井美幸様には，本書の執筆の機会をいただいただけでなく，全般にわたって貴重なご助言，ご指摘をいただきました．厚く御礼申し上げます．

2015年11月

栄長泰明

目　　次

第1章　ダイヤモンド電極とは？ ……………………………1
1.1　ダイヤモンド電極 ………………………………………1
1.2　ダイヤモンド電極研究の歴史 …………………………4
引用文献 ………………………………………………………7

第2章　ダイヤモンド電極はどのようにしてつくるか？ ……13
2.1　ダイヤモンドの合成法 …………………………………13
2.2　ダイヤモンド電極の合成（化学気相法） ……………15
2.3　ダイヤモンド電極の評価 ………………………………17
引用文献 ………………………………………………………18

第3章　ダイヤモンド電極の性質 ……………………………21
3.1　電気を流す炭素材料 ……………………………………21
3.2　半導体ダイヤモンドの特性 ……………………………25
　3.2.1　ダイヤモンドの「絶縁体―金属遷移」 …………25
　3.2.2　電極電位とエネルギー ……………………………30
3.3　ダイヤモンドの表面伝導性 ……………………………32
3.4　広い電位窓と小さなバックグラウンド電流 …………34
引用文献 ………………………………………………………36

第 4 章　ダイヤモンド電極の応用例 …………**39**

4.1　環境モニタリング ……………………………………………39
　4.1.1　残留塩素 …………………………………………40
　4.1.2　ヒ素 ………………………………………………41
4.2　生体物質センサー（生体外）…………………………………46
　4.2.1　シュウ酸 …………………………………………46
　4.2.2　タンパク質 ………………………………………48
　4.2.3　金属イオン配列ダイヤモンド電極による
　　　　 グルコースの選択的検出 …………………………52
4.3　生体計測へ ……………………………………………………55
　4.3.1　ダイヤモンドマイクロ電極による
　　　　 脳内ドーパミンの in vivo 測定 ……………………55
　4.3.2　ダイヤモンドマイクロ電極による組織中での
　　　　 腫瘍マーカー・グルタチオンの in vivo 測定 ……58
　4.3.3　pH センサーへの応用例 …………………………61
4.4　水処理応用 ……………………………………………………66
4.5　オゾン生成 ……………………………………………………69
4.6　新物質合成 ……………………………………………………72
　4.6.1　メトキシラジカル生成を利用した有用物質創製 …73
4.7　CO_2 を原料に有用物質を合成 ………………………………76
引用文献 ……………………………………………………………79

第 5 章　ダイヤモンド電極の高機能化 …………**83**

5.1　表面終端と電極特性 …………………………………………83
　5.1.1　水素終端ダイヤモンドと酸素終端ダイヤモンド ……84

5.2　機能をもつ分子の表面修飾による高機能化 ……………87
5.3　酸素プラズマで構造付与 …………………………………89
　5.3.1　ナノハニカムダイヤモンド電極 …………………90
　5.3.2　針状突起構造ダイヤモンド電極 …………………91
　5.3.3　1滴の試料でも分析可能な「ダイヤモンドチップ電極」…92
引用文献 ……………………………………………………………95

第6章　将来展望 …………………………………………**99**
引用文献 ……………………………………………………………103

索　引 ……………………………………………………………**104**

コラム目次

1. ダイヤモンド電極研究のアクティビティ ……………… 8
2. ダイヤモンド電極センサー世界第一号 ……………… 46
3. ダイヤモンド電極で歯科治療 ……………………………… 70
4. 電極の表面を変えて新機能を ……………………………… 88
5. ダイヤモンドをよりフレキシブルに―印刷電極― ………… 92
6. ダイヤモンドウイスカー電極 ……………………………… 96
7. 電極の性質はこれで決まる？ ……………………………… 100

第1章

ダイヤモンド電極とは？

1.1 ダイヤモンド電極

　ダイヤモンドの「永遠の輝き」をもつ宝石としての魅力はいうまでもない．その魅力については，あえてここで紹介する必要はないであろう．

　一方で，ダイヤモンドは，機能材料としてみたときに多くの優れた特性をもつ [1,2]．最もよく知られたところでは，最高硬度をもつ材料であるということである．これに関しては，実際に利用されている例をよく見かける．例えば，身近なところでは，ペンの先に 0.03 カラット程度の小さなダイヤモンドを取り付けてある「ガラス切り」がある．これを用いてガラスに傷をつけると，少しの衝撃力を加えることでガラスをきれいに割ることができる．また，金属製のワイヤーにダイヤモンドビーズをつけたダイヤモンドワイヤソーや，鋸の外周部にダイヤモンド砥粒が組み込まれたダイヤモンド鋸などとして，実際に道路のコンクリート切断をはじめとして石やコンクリートなどの加工にダイヤモンドが活躍している．さらに，硬いということに加えて，炭素材料であるため生体適合性も優れているということで，手術用のメスとしての利用など，硬さを利用した応用例は枚挙にいとまがない．そのほか，熱伝導率が非常に高いことによる半導体デバイスの熱を逃がすヒートシンク（放熱部

品)としての利用など,優れた熱特性を利用した応用例も多い.

このような特性をもつダイヤモンドであるが,電気を流す特性(導電性)に関してみると,ご存知の通り,優れた「絶縁体」である.すなわち,通常では電気はまったく流れない.これは,ダイヤモンドを構成する炭素原子どうしが互いの電子を共有しあって強固な結合(共有結合)を形成しており(図 1.1 上),それぞれの炭素原子が持っている8個の電子がほとんど電気伝導に寄与することができなくなっているからである.

しかしながら,このような優れた絶縁体のダイヤモンドも,ホウ素を微量に加えること(ドーピング)で半導体の性質をもたせることができる(図 1.1 下).すなわち,ダイヤモンドにも電気を流すことができるようになる.特に,この半導体ダイヤモンドが,現在半導体として主力となっているシリコンに代わる究極の半導体材料として期待できることは以前より注目されている.例えば,紫外線センサー,放射線ディテクター,パワーデバイス,電子放出デバイ

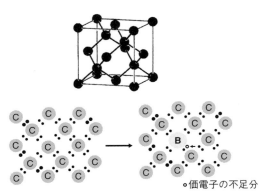

図 1.1 (上)ダイヤモンド構造 (下)ダイヤモンドにホウ素をドープ

ス，高耐圧デバイス等，次世代半導体としての可能性を秘めており，現在もなお盛んに研究が行われている [1]．

ところで，話は前後してしまったが，このようにホウ素を加えた「電気を流すダイヤモンド」は天然のものではない．天然のダイヤモンドにイオン注入法等によりホウ素をドープすることはできるが，実際には，ダイヤモンドの人工合成技術が確立され，ダイヤモンド合成の際にホウ素などをドーピングする技術が可能になってきたことでこの分野が展開してきた，といえる [2]．ちなみに，はじめに紹介した硬さを利用したダイヤモンドを含めても，工業的に利用されるダイヤモンドのほとんどは「人工合成ダイヤモンド」であり，「ダイヤモンド人工合成技術の確立」はダイヤモンドの魅力を増大させ，さまざまな分野の発展に貢献してきたともいえる．

この人工ダイヤモンドの合成法は第2章にゆずるとして，「ホウ素をドープしたダイヤモンド」の物性に話を戻す．さきほどの「ホウ素を微量にドープした半導体のダイヤモンド」よりも，「ホウ素をより高濃度にドープしたダイヤモンド」を作製すると，金属と同等な導電性を示すほど電気を流すことができるようになる．この導電性のダイヤモンドが，化学電極として利用したときに優れた特性をもつことから，近年注目を集めている [3-5]．これが本書で紹介する，新しい電極材料「ダイヤモンド電極」にほかならない（図1.2）．これが特に，現代が直面する環境問題をさまざまな観点から解決できる新材料として，あるいは，将来の安心・安全に向けた医療応用の用途で利用できる新材料として期待がもたれていることもあり，本書では，それらの基礎的な物性に加えて，いくつかの応用例についても紹介する．

いずれにしても，ダイヤモンドにドープするホウ素量をコントロールすることで，半導体の性質をもつダイヤモンドから，金属様

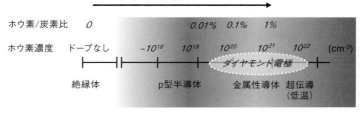

図1.2 ダイヤモンドにホウ素をドープ

の導電性をもつダイヤモンドまで幅広くその性質を制御できることは興味深い．そのような中，2004年，さらなる展開として，ホウ素をさらに大量にドープしたダイヤモンドが超伝導を示すということが見出され，新しい超伝導材料としても大きな注目を集めている[6].

このように，電気を流すダイヤモンドは，ダイヤモンド本来の特徴（最高硬度，優れた熱特性，材料としての安定性，耐久性など）をもちながら「導電性・超伝導性」という本来のダイヤモンドにはない性質を兼ね備えた新しい材料であるといえる．

1.2 ダイヤモンド電極研究の歴史

ダイヤモンドを電極として用いて電気化学測定を行った，という最初の例は，1983年にさかのぼる．理化学研究所の岩木らは，絶縁体ダイヤモンドに金属イオンを注入してダイヤモンド構造に損傷を与えることで導電性を付与し，半導体的な電気化学電極としての電気化学特性を調べている[7]．これは，ダイヤモンドを作用電極として利用した最初の例ではあるが，sp^3炭素からなるダイヤモンドの構造に損傷を与えている点で，本書で主に述べる，不純物を

ドープすることによって導電性を付与した，基本的に sp^3 炭素からなる「ダイヤモンド電極」とはやや異なる．実際，この方向性としてはその後進められていない．

一方，ダイヤモンドは，大きなバンドギャップ（5.5 eV）をもつ材料であることはよく知られており，前述のように，基本的には優れた絶縁体である．その観点で，1987年以降に，ダイヤモンドを半導体としてみることで，光電気化学について考察している例がいくつかある．ロシアのPleskovらが最初にダイヤモンドを光励起して光電流を観測し [8]，その後，藤嶋らが精力的に光電気化学に関する挙動を調べている [9–11]（図1.3）．一方，1993年に，アメリカのSwainらが，ホウ素をドープした多結晶ダイヤモンドを電極に利用することで電気化学分析に応用し得る可能性を示している [12]．また，Rameshamらは，汚水処理にダイヤモンド電極が利用できることを述べている [13]．このあたりより，有機物分解等への応用，電気化学分析への応用を指向して，基礎研究や応用を目指した研究の論文数が増えはじめており，初期の研究例は，いくつかの論文にまとめられている [14–21]．

その後，2000年以降にも研究論文が増加し続けているが，内容としては，それぞれの目的に向けた応用展開，主には電気化学分析（センサー）[22–44] や水処理，汚水浄化 [45–52] に関するものが多い．一方で，それらの展開に伴って，ダイヤモンド電極の電気化学的な基礎評価に関する検討も増えつつある．例えば，表面化学終端（水素終端，酸素終端）の変化は，電気化学特性に大きな影響を与えることをはじめとして，その基礎物性に関しても興味，関心がもたれるようになってきている [53]．このような近年の展開は，書籍や総説等にもまとめられている [5, 54–58]．

さらに近年では，希少金属などの資源枯渇に対する問題から，あ

6   第1章 ダイヤモンド電極とは？

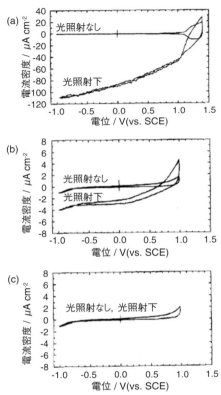

図 1.3 半導体性ホウ素ドープダイヤモンドにおける光電気化学
(a) ArF, (b) KrF, (c) XeF. エキシマレーザーで励起. SCE：飽和カロメル電極.
【出典】[10] より転載許可を得て引用.

りふれた元素のみからなる物質による機能開発が重要な課題となっていることに加え，地球環境，エネルギー問題が急を要する課題であるとの認識が強まっている [59]．そのような中，「レアメタル

フリー」，すなわち炭素とホウ素という軽元素のみからなるにもかかわらず，ときに金属を凌駕する機能をもつ「ダイヤモンド電極」への関心は非常に高まっている．

そのような中，2012 年以降，筆者らを中心に，「有機電解によって新物質を合成できる」こと [60] や「CO_2 を電解還元することで有用物質が合成できる」こと [61] の可能性が見出され，新しい応用展開として広がりを見せつつあり，次世代に欠かせない電極材料として多くの分野への寄与が期待されている．

引用文献

[1] 藤森直治・鹿田真一監修，『ダイヤモンドエレクトロニクスの最前線』，シーエムシー出版 (2008).
[2] 大塚直夫，澤邊厚仁，『ダイヤモンド薄膜』，産業図書 (1987).
[3] Y. Einaga, J. S. Foord, G. M. Swain, *MRS Bulletin*, **39**, 525 (2014).
[4] 栄長泰明，未来材料，**12**, 29 (2012).
[5] A. Fujishima, Y. Einaga, T. N. Rao, D. A. Tryk (Eds.), "*Diamond Electrochemistry*", Elsevier and BKC (2005).
[6] E. A. Ekimov, V. A. Sidorov, E. D. Bauer, N. N. Mel'nik, N. J. Curro, J. D. Thompson, S. M. Stishov, *Nature*, **428**, 542 (2004).
[7] M. Iwaki, S. Sato, K. Takahashi, H. Sakairi, *Nucl. Instrum. Methods Phys. Res.* **209**, 1129 (1983).
[8] Y. V. Pleskov, A. Ya. Sakharova, M. Krotova, L. L. Bouilov, B. V. Spitsyn, *J. Electroanal. Chem.* **228**, 19 (1987).
[9] K. Patel, K. Hashimoto, A. Fujishima, *Denki Kagaku*, **60**, 659 (1992).
[10] L. Boonma, T. Yano, D. A. Tryk, K. Hashimoto, A. Fujishima, *J. Electrochem. Soc.*, **144**, L 142 (1997).
[11] T. N. Rao, D. A. Tryk, K. Hashimoto, A. Fujishima, *J. Electrochem. Soc.*, **146**, 680 (1999).
[12] G. M. Swain, R. Ramesham, *Anal. Chem.*, **65**, 345 (1993).
[13] R. Ramesham, R. F. Askew, M. F. Rose, B. H. Loo, *J. Electrochem. Soc.*, **140**, 3018 (1993).
[14] G. M. Swain, A. B. Anderson, J. C. Angus, *MRS Bull.*, **23**, 56 (1998).

[15] R. Tenne, C. Levy-Clement, *Isr. J. Chem.*, **38**, 57 (1998).
[16] J. C. Angus, H. B. Martin, U. Landau., Y. E. Evstefeeva, B. Miller, N. Vinokur, *New Diamond Front. Carbon Technol.*, **9**, 175 (1999).

コラム 1

ダイヤモンド電極研究のアクティビティ

近年,ダイヤモンド電極に関する学術論文数は今世紀に入ってから急激に増加しており,総説や成書の出版も相次いでいる[1〜4]. Web of Science により"Diamond＋Electrochemical"をキーワードとして学術論文を検索してみると,図のように,確かに近年この分野の学術研究のアクティビティが急上昇しており,この分野の注目度,展開の速さが理解できる. 2013 年には 400 報近い論文が報告されており,なかでも電解水処理関連と電気化学分析関連の二つの分野に関するものが多い. その他,燃料電池関連や多孔質電極などの作製技術,基礎特性評価,表面改質・修飾などに関する研究も報告されており,新しい展開への期待が高いことも理解できる.

一方,応用的な側面でみると,現在実用化されているものに汚水処理用の電極があり,その展開が著しいが,それ以外では,基本的には実用化はこれからというのが実情である. しかしながら,近年になってオゾン発生装置,電気化学センサーの試作品が作製され始めるなど,水処理以外の分野でもダイヤモンド電極を用いたデバイスの実用化は限りなく近く,上記のように新しい分野としての注目度が高く,将来性という点で大きな展開が期待できる応用の方向性であると考えられている. 例えば,MRS (Materials Research Society:材料研究学会)の学会誌 *MRS Bulletin* において「ダイヤモンド」の特集がなされたが,その号の一章に,"Diamond electrodes: Diversity and maturity(ダイヤモンド電極:幅の広さと成熟性)" という記事が掲載されていることも,さまざまな観点から「ダイヤモンド電極」の注目が高まっていることを示している[5]. また,この分野の研究開発は,水処理に関して一部欧州が盛んであるが,それ以外では日本が常に先導している点も特筆すべき点である.

[17] K. Kobashi (Ed.), *New Diamond Front. Carbon Technol.*, **9**, No. 3&5 (1999).
[18] Y. V. Pleskov, *Russ. Chem. Rev.*, **68**, 381 (1999).
[19] T. N. Rao, A. Fujishima, *Diamond Relat. Mater.*, **9**, 384 (2000).

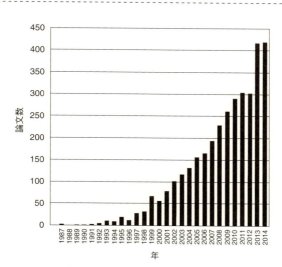

図　ダイヤモンド電極関連の論文数

(栄長泰明)

引用文献

1) A. Kraft, *Int. J. Electrochem. Sci.*, **2**, 355 (2007).
2) J. V. Macpherson, *Phys. Chem. Chem. Phys.*, **17**, 2935 (2015).
3) A. Fujishima, Y. Einaga, T. N. Rao, D. A. Tryk (Eds.), "*Diamond Electrochemistry*", BKC and Elsevier (2005).
4) E. Brillas, C. A. Maltinez-Huitle (Eds.), "*Synthetic Diamond Films: Preparation, Electrochemistry, Characterization and Applications*", Wiley (2011).
5) Y. Einaga, J. S. Foord, G. M. Swain, *MRS Bulletin*, **39**, 525 (2014).

[20] A. Fujishima, T. N. Rao, *Diamond Relat. Mater.*, **10**, 1799 (2001).

[21] T. N. Rao, T. A. Ivandini, C. Terashima, B. V. Sarada A. Fujishima, *New Diamond Front. Carbon Technol.*, **13**, 79 (2003).

[22] T. N. Rao, I. Yagi, T. Miwa, D. A. Tryk, A. Fujishima, *Anal. Chem.*, **71**, 2506 (1999).

[23] J. Xu, G. M. Swain, *Anal. Chem.*, **70**, 1502 (1998).

[24] M. D. Koppang, M. Witek, J. Blau, G. M. Swain, *Anal. Chem.*, **71**, 1188 (1999).

[25] B. V. Sarada, T. N. Rao, I. Yagi, T. Miwa, D. A. Tryk, A. Fujishima, *Anal. Chem.*, **72**, 1632 (2000).

[26] C. Terashima, T. N. Rao, B. V. Sarada, D. A. Tryk, A. Fujishima, *Anal. Chem.*, **74**, 895 (2002).

[27] T. N. Rao, B. H. Loo, B. V. Sarada, C. Terashima, A. Fujishima, *Anal. Chem.*, **74**, 1578 (2002).

[28] F. Marken, C. A. Paddon, D. Asogan, *Electrochem. Comm.*, **4**, 62 (2002).

[29] N. S. Lawrence, M. Thompson, C. Prado, L. Jiang, T. G. J. Jones, R. G. Compton, *Electroanalysis*, **14**, 499 (2002).

[30] C. Prado, G. Flechsig, P. Grundler, J. S. Foord, F. Marken R. G. Compton, *Analyst*, **127**, 329 (2002).

[31] C. Terashima, T. N. Rao, B. V. Sarada, A. Fujishima, *Anal. Chem.*, **75**, 1564 (2003).

[32] 栄長泰明, ぶんせき, **5**, 243-252 (2012).

[33] T. A. Ivandini, T. N. Rao, A. Fujishima, Y. Einaga, *Anal. Chem.*, **78**, 3467 (2006).

[34] T. A. Ivandini, R. Sato, Y. Makide, A. Fujishima, Y. Einaga, *Anal. Chem.*, **78**, 6291 (2006).

[35] T. Watanabe, T. A. Ivandini, Y. Makide, A. Fujishima, Y. Einaga, *Anal. Chem.*, **78**, 7857 (2006).

[36] A. Suzuki, T. A. Ivandini, K. Yoshimi, A. Fujishima, G. Oyama, T. Nakazato, N. Hattori, S.Kitazawa, Y. Einaga, *Anal. Chem.*, **79**, 8608 (2007).

[37] A. Preechaworapun, T. A. Ivandini, A. Suzuki, A. Fujishima, O. Chailapakul, Y. Einaga, *Anal. Chem.*, **80**, 2077 (2008).

[38] M . Chiku, J. Nakamura, A. Fujishima, Y. Einaga, *Anal. Chem.*, **80**, 5783 (2008).

[39] S. Fierro, M. Yoshikawa, O. Nagano, K. Yoshimi, H. Saya, Y. Einaga, *Sci. Rep.*, **2**, 901 (2012).

[40] Y. Ishii, T. A. Ivandini, K. Murata, Y. Einaga, *Anal. Chem.*, **85**, 4284 (2013).

[41] S. Fierro, R. Seishima, O. Nagano, H. Saya, Y. Einaga, *Sci. Rep.*, **3**, 3257 (2013).

[42] T. Kondo, Y. Tamura, M. Hoshino, T. Watanabe, T. Aikawa, M. Yuasa, Y. Einaga, *Anal. Chem.*, **86**, 8066 (2014).

[43] S. Chaiyo, O. Chailapakul, W. Siangproh, *Anal. Chim. Acta.*, **852**, 55 (2014).

[44] N. Thammasoontaree, P. Rattanarat, N. Ruecha, W. Siangproh, N. Rodthongkum, O. Chailapakul, *Talanta*, **123**, 115 (2014).

[45] M. Panizza, P. A. Michaud, G. Cerisola, Ch. Comninellis, *J. Electroanal. Chem.*, **507**, 206 (2001).

[46] M. A. Rodrigo, P. A. Michaud, I. Duo, M. Panizza, G. Cerisola, Ch. Comninellis, *J. Electrochem. Soc.*, **148**, D 60 (2001).

[47] B. Boye, P. A. Michaud, B. Marselli, M. M. Dieng, E. Brillas, Ch. Comninellis, *New Diamond Front. Carbon Technol.*, **12**, 63 (2002).

[48] W. Haenni, J. Gobet, A. Perret, L. Pupunat, P. Rychen, Ch. Comninellis, B. Correa, *New Diamond Front. Carbon Technol.*, **12**, 83 (2002).

[49] I. Troster, L. Schafer, M. Fryda, *New Diamond Front. Carbon Technol.*, **12**, 89 (2002).

[50] 錦善則, 化学と工業, **67**, 977 (2014).

[51] N. Borras, R. Oliver, C. Arias, E. Brillas, *J. Electroanal. Chem.*, **589**, 1589 (2013).

[52] A. Vacca, M. Mascia, S. Palmas, L. Mais, S. Rizzardiniv, *J. Chem. Tech. Biotech.*, **88**, 2244 (2013).

[53] S. Szunerits , C. E. Nebel ,R. J. Hamers, *MRS Bull.*, **39**, 517 (2014).

[54] A. Kraft, *Int. J. Electrochem. Sci.*(Review), **2**, 355 (2007).

[55] E. Brillas, C. A. Maltinez-Huitle (Eds.), *"Synthetic Diamond Films: Preparation, Electrochemistry, Characterization and Applications"*, Wiley (2011).

[56] Y. Einaga, J. S. Foord, G. M. Swain, *MRS Bull.*, **39**, 525 (2014).

[57] V. K. Sarin, D. Mari, L. Llanes, C. E. Nebel (Eds.), *"Comprehensive Hard Materials"*, Elsevier (2014).

[58] J. V. Macpherson, *Phys. Chem. Chem. Phys.*, **17**, 2935 (2015).

[59] 中山智弘, 『元素戦略―科学と産業に革命を起こす現代の錬金術―』, ダイヤモンド社 (2013).

[60] T. Sumi, T. Saitoh, K. Natsui, T. Yamamoto, M. Atobe, Y. Einaga, S. Nishiyama, *Angew. Chem. Int. Ed.*, **51**, 5443 (2012).

[61] K. Nakata, T. Ozaki, C. Terashima, A. Fujishima, Y. Einaga, *Angew. Chem. Int. Ed.*, **53**, 871 (2014).

第2章

ダイヤモンド電極は
どのようにしてつくるか？

2.1 ダイヤモンドの合成法

　第1章にて,「ダイヤモンド電極」は天然のダイヤモンドではなく,主にホウ素をドープした人工のダイヤモンドであると述べた.ここで,人工的に合成するダイヤモンドについて簡単に述べる.ダイヤモンドの人工合成法としては,主に(1)高圧法,(2)化学気相法の二通りがある.ところで,天然のダイヤモンドは,地中深いところで合成される.炭素は,およそ50,000気圧以上,1,500℃以上の領域で「ダイヤモンド構造」が安定相となる(図2.1).この条件を人工的に作り出す方法が(1)高圧法,である.これには,通常大掛かりな装置が必要となる(図2.2).この方法により,30カラット以上の大きなダイヤモンドや,工業用に利用されるダイヤモンドが合成されている.この方法についての詳細は他書にゆずり[1,2],ここでは割愛する.

　一方,1980年代になって,(2)化学気相法が開発されたことで,人工ダイヤモンドによる応用用途がさらに大きく広がってきたといえる[1,3].

14　第2章　ダイヤモンド電極はどのようにしてつくるか？

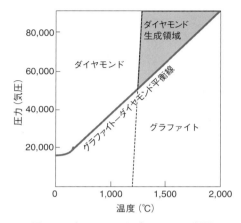

図2.1　ダイヤモンド-グラファイト相図

図2.2　3万トンプレス（ダイヤモンドの高圧合成）
写真提供：国立研究開発法人 物質・材料研究機構（撮影：石川典人）

2.2 ダイヤモンド電極の合成（化学気相法）

　気相法は，CVD法（Chemical Vapor Deposition）とも呼ばれ，ガスを原料として，基板上に膜として生成させる方法である [1]．初期の「ホウ素をドープしたダイヤモンド電極」の作製は，主に，「熱フィラメント CVD」法によるものである．図 2.3 の装置のように，内部に，メタンなどの原料ガスを導入することによって，ダイヤモンドを合成することができる．内部には，タングステンなどの高温に耐える金属線（フィラメント）が張ってあり，これに電流を流して約 2,000℃ の高温にし，原料ガスを流すことで，基板上にダイヤモンドが生成する．このとき，重要な点として，基板の温度と原料ガスの組成を最適化しなければならない．ダイヤモンドの成長には，メチルラジカル（・CH_3）等の活性なラジカル成分が関与していると考えられており [4]，それらを効率的に発生させる必要がある．例えば，原料ガスとして，メタンを用いる場合には，メタンに大量の水素を混合する必要があり，しかも適切な混合比で行わ

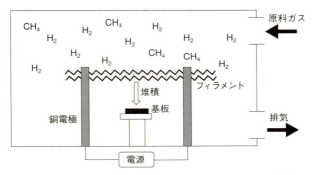

図 2.3　熱フィラメント CVD 法によるダイヤモンドの合成

ないと,ダイヤモンドが合成できない,ということになる.このように最適化した条件で行えば,金属線の長さを長くしたり,線の数を増やすことによって大型化も可能であり,大面積のダイヤモンド膜を合成できるため,実用的に利用されている.

一方,ダイヤモンドの成長速度が速く,均一なダイヤモンド膜を生成できる方法として,マイクロ波による「プラズマ CVD」法がある.例えば,筆者の研究室で利用しているものでは,装置内部に水素を導入し,マイクロ波によって水素プラズマを生成させる.ここに原料ガスを導入することでダイヤモンドを合成する [5](図2.4).プラズマ中では,原料ガスが原子レベルでバラバラになり,基板上に,ダイヤモンド構造として堆積する,ということが特徴である.常温常圧では,炭素の安定相はグラファイトであるが,このプラズマ CVD の条件下では,グラファイトやアモルファスカーボンなどの成分が選択的にエッチングされ,ダイヤモンド構造として成長すると考えられている [6].基板としては,タングステン,モリブデン,白金等が利用できるが,単結晶のシリコンウェハを用

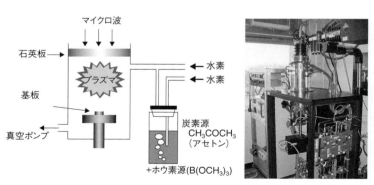

図2.4 マイクロ波プラズマ CVD 法によるダイヤモンドの合成(慶應義塾大学・栄長研究室)

いることが多い．炭素源の原料としては，もちろん，メタンガスを利用してもよいが，筆者の研究室では，液体原料であるアセトンを用いている．というのも，ホウ素をドープするためのホウ素源として通常はジボランやトリメチルボロンをガスとして用いることが多いが，これらのガスは有毒で，引火性，爆発性などの危険があり，安全のための特別な設備が必要である．そこで，簡便で安全な方法として，アセトンに液体のトリメトキシボラン（$B(OCH_3)_3$）を混合した溶液を炭素・ホウ素源として用いている．このとき，ホウ素／炭素比は溶液の組成で制御でき（これにより導電性の制御もできる），溶液の水素バブリングにより装置内に導入することで，安全かつ簡便な方法としてダイヤモンド電極を作製している．

2.3 ダイヤモンド電極の評価

気相法で，シリコンウェハ上に作製したダイヤモンドは，通常，微細な結晶が集合している多結晶体である．筆者の研究室で作製しているホウ素ドープダイヤモンドは，粒径が約数 μm であるが，合成条件によって制御できる（図 2.5）．一方，ダイヤモンド膜を含む炭素材料の評価としては，一般的に簡便な方法としてラマンスペクトルによるものがよく利用される．図 2.6 に筆者の研究室で作製しているダイヤモンド電極の典型的なスペクトルを示す．1,332 cm^{-1} のピークがダイヤモンド sp^3 に起因するものであり，良質なダイヤモンド構造をもつことを示している．一方，500 cm^{-1}，1,200 cm^{-1} 付近にそれぞれ見られるピークはホウ素をドープすることにより増大するピークであり，ホウ素のドーピングが確認できる．また，sp^2 炭素に起因するピークは，通常 1,500 cm^{-1} 付近に見られるが，この付近にピークが見られないことからもダイヤモンド

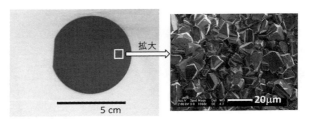

図2.5 シリコン基板上に作製した多結晶ダイヤモンド薄膜(ダイヤモンド電極)

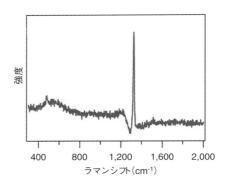

図2.6 ダイヤモンド電極のラマンスペクトル

構造が確認される [5-8].

電極特性としての評価は,第3章に述べる.

引用文献

[1] 大塚直夫,澤邊厚仁,『ダイヤモンド薄膜』,産業図書 (1987).
[2] ダイヤモンド展,国立科学博物館,読売新聞社 (2000).
[3] 吉川昌範,大竹尚登,『図解気相合成ダイヤモンド』,オーム社 (1995).
[4] F. G. Celii, P. E. Pehrsson, H.–T. Wang, J. E. Butler, *Appl. Phys. Lett.*, **52**, 2043 (1988).
[5] A. Fujishima, Y. Einaga, T. N. Rao, D. A. Tryk (Eds.), "*Diamond Electrochemistry*",

Elsevier and BKC (2005).

[6] A. Gicquel, C. Heau, D. Fabre, *J. Perriere, Diamond Relat. Mater.*, **1**, 776 (1992).

[7] C. Levy-Clement, Chapter 5 in *"Diamond Electrochemistry"* (Eds. by A. Fujishima *et al.*), pp 80–114 (2005).

[8] E. Gheeraert, P. Gonon, A. Deneuville, L. Abello, G. Lucazeau, *Diamond Relat. Mater.*, **2**, 742 (1997).

第3章

ダイヤモンド電極の性質

3.1 電気を流す炭素材料

　歴史的にも,炭素は電極として,電気化学の分野で活躍していたが,電極になりうる炭素といえばsp^2炭素からなるグラファイトが独断場であった.作製法により,電極としては,グラッシーカーボン(Glassy Carbon, GC)や,高配向パイログラファイト(Highly Oriented Pyrolytic Graphite, HOPG)などが市販されて主に用いられており,針状に加工したカーボンファイバーも利用されている.電気化学測定には,その用途に応じて電極材料が選ばれるが,例えば,電解液に溶解した化学種の酸化還元反応を調べたいときには,その「電位窓」が重要である.「電位窓」とは,支持電解質や溶媒が電子の授受をしない(例えば水中では,水素も酸素も発生しない)電位の範囲であり,この範囲であれば注目する化学種の電子授受が観測されるという訳である.水溶液中では,電位窓の負側では,水の還元による水素発生

$2\,H_2O\ +\ 2\,e^-\ \rightarrow\ H_2\ +\ 2\,OH^-$ （塩基性）

$2\,H^+\ +\ 2\,e^-\ \rightarrow\ H_2$ （酸性）

が起こり,正側では,水の酸化による酸素発生が起こる.そして,

その水素発生,酸素発生の電位は,電極反応の過電圧(水素過電圧,酸素過電圧)が電極材料によって異なることが知られている[1,2].これらに加え,負側では支持電解質,溶媒,溶存酸素をはじめとする不純物の還元,正側では不純物の酸化のみならず,電極自身の酸化溶解や酸化物生成などが影響を与える.もちろん,電極材料としては,炭素電極に加えて,金属電極も多く用いられてきたことはいうまでもない.例えば,よく利用される白金電極の 1 mol L^{-1} 硫酸中におけるサイクリックボルタモグラムを見ると,酸素過電圧は高いので,例えば電解酸化を行う電極としては適していることがわかるが,電位窓内に多くの酸化還元ピークが見られる(図3.1)[2].電極界面が活性であり,水素の吸脱着,酸化被膜の生成によるものであり,例えばこれらが見られる電位での測定には適さないことがわかる.それに対して炭素電極は,金属電極に比べると電極触媒としての能力は乏しい代わりに,比較的電位窓が広く,電位窓内に目立った酸化還元反応が見られないという特徴がある(図3.2).

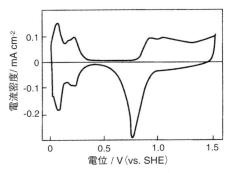

図 3.1 白金電極を用いたサイクリックボルタモグラム(1 mol L^{-1} H$_2$SO$_4$中)
SHE:標準水素電極.

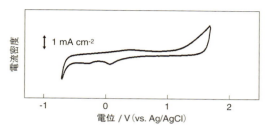

図3.2 グラッシーカーボン電極を用いたサイクリックボルタモグラム（0.1M H_2SO_4中）
Ag/AgCl：銀－塩化銀電極.

 以上のような背景より，古くから，生体内の微量成分を比較的高感度で検出するための用途として，このように比較的電位窓が広く，バックグラウンド電流の小さいグラッシーカーボン電極やカーボンファイバー電極が用いられてきた［3］．本書で紹介しているホウ素ドープダイヤモンド電極は，その炭素電極に比較して電位窓が非常に広く，バックグラウンド電流もきわめて小さいことから，それらに代わる電気化学分析用の電極として注目されているわけである（詳細は［4］を参照）．

 その一方で，カーボンターゲットを使用したスパッタリング法で製膜したカーボン薄膜材料も新しい炭素電極材料として報告されている［4-6］．基板への高密度イオン照射によって，炭素のsp^2/sp^3結合比の制御が可能である電子サイクロトロン共鳴（Electron Cyclotron Resonance, ECR）スパッタ装置を用いて作製したナノカーボン薄膜は，作製条件によってはダイヤモンド電極に類似した電気化学特性をもち，特にバイオセンサー応用に向けた検討がなされている．実際に，5種のモノヌクレオチド（GMP, AMP, TMP, cmP, UMP）をグラッシーカーボン電極，ダイヤモンド電極，ECRスパッタ炭素電極をそれぞれ用いて微分パルスボルタンメトリーに

より測定したものが図3.3である [4]．グラッシーカーボン電極ではG（グアニン）とA（アデニン）のプリン塩基の酸化に帰属されるピークがシャープに観測されたものの，電位窓が狭く，酸素発生と重なってしまうために，C（シトシン）やT（チミン）のピリミジン塩基の酸化のピークを観測することはできない．一方，ダイヤモンド電極では，電位窓が広いために，それぞれの塩基の酸化ピークが明瞭に観測されている．さらに，ECRスパッタ炭素膜では，それぞれの酸化ピークが明瞭に観測されているだけでなく，それぞれのピークはシャープであり，ダイヤモンド電極に比べて電子移動速度が速いことがわかる．このECRスパッタ炭素膜は，電子移動を早くするsp^2成分と広い電位窓を示すsp^3成分のハイブリッド膜であることから，作製条件を制御することでさらなる新しい電極としても期待できる．一方，上記に示されたダイヤモンド電極についても，ホウ素濃度を変化させるなど，最適な条件で作製することにより，電子移動速度の高い電極を用意できると期待される．

さらには，カーボンナノチューブやグラフェンの特異な電気特性

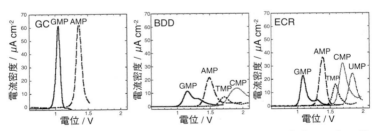

図3.3 モノヌクレオチド（GMP，AMP，TMP，CMP，UMP）（100 μM）の微分パルスボルタモグラム
GC=グラッシーカーボン電極，BDD=ダイヤモンド電極，ECR=ECRスパッタ炭素電極．
【出典】[4] より転載許可を得て引用．

から，電極として利用することも試みられており，用途によっては楽しみな電極材料である [7,8].

そのような中，本書で述べる「ダイヤモンド電極」は，本来絶縁体である sp^3 炭素構造のダイヤモンドに，比較的高濃度にホウ素をドープすることで導電性を付与し，電極として使用する，というもので，従来の sp^2 炭素の導電性を利用するものとは導電性の機構そのものが異なる．導電機構が異なるのみならず，基本的に sp^3 炭素からなる，ということで，電極表面の様子も sp^2 炭素とは異なる性質が多くみられ，さまざまな用途に優れた特徴を示す電極材料となる，というわけである．本書ではそれらの特徴について述べる．

3.2 半導体ダイヤモンドの特性

本書では，特に電気化学応用例について（第4章にて）述べる「ダイヤモンド電極」は，比較的高濃度にホウ素をドープした金属様の導電性を示すものであり，低濃度にホウ素をドープした半導体を用いた電気化学的応用については多くを述べない．しかしながら，金属様導電性を示すダイヤモンド電極を理解するうえで，半導体ダイヤモンドの特性についても理解する必要がある．そこで，ここでは，そのごく基本的な性質について概観する．

3.2.1 ダイヤモンドの「絶縁体—金属遷移」

図3.4 にいくつかの代表的な半導体材料の価電子帯と伝導帯，それぞれのバンドギャップ（禁制帯幅）の大きさを示している．ダイヤモンドは他の物質と比べ，バンドギャップが非常に大きい絶縁体（5.5 eV）であることがわかる．しかしながら，そこに，炭素原子と異なる不純物を添加することによりバンドギャップの大きい半導

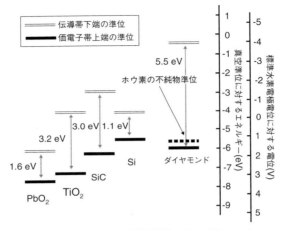

図3.4 さまざまな半導体材料のバンドギャップ

体になり,正孔濃度を広い範囲で制御できる.ホウ素ドープダイヤモンドは,ダイヤモンドに3価の原子であるホウ素をドーピングしたものであるが,ホウ素はダイヤモンドの価電子帯から+0.37eVの位置にアクセプター準位を形成する(図3.4点線)[9, 10].他の3族の元素と比べ,この準位の位置がダイヤモンドに近いこと,原子のサイズも近いためドーピングしやすいことから,ドーパントとしてホウ素が最もよく使われている.

最外殻電子が四つの炭素原子と,三つのホウ素原子が共有結合するためには,電子が一つ不足した状態になる.ここに熱エネルギーによって隣の電子が移動すると電子の抜け穴の正孔が生じる.この正孔が次々と移動することによって電気伝導性を持ち,半導体の特性を示すことになる(図3.5).このようにホウ素ドープダイヤモンドはp型半導体であり,原料ホウ素濃度を大きくすると,その伝導性も大きくなり,半導体から金属,さらには超伝導へと変化す

る(図 3.6).

ところで,ダイヤモンドの結晶面は,主に(100)面と(111)面があるが(図 3.7),ホウ素は(100)面よりも(111)面に多く取り込まれ,粒界に多く存在するという報告例もある [11]. これ

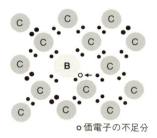

○価電子の不足分

図 3.5 ホウ素をドープしたダイヤモンド(図 1.1(下)再掲)

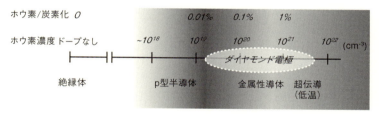

図 3.6 ダイヤモンドにホウ素をドープ(図 1.2 再掲)

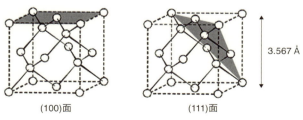

図 3.7 ダイヤモンドの結晶面

は，炭素の（111）面には一つのダングリングボンドがあるのに対し，ホウ素にはそれがないため，以降結晶が成長できなくなるためであると考えられている．

ホウ素のドーピング量により絶縁体から半導体，そして金属的性質へと変化する様子は，図 3.8 に示すバンド構造により説明される [12]．ホウ素をドープすると，価電子帯の近くにアクセプター準位が形成され，ドープ量を増やしてゆくと，フェルミ準位付近の狭いバンド範囲に準位が集まり，その準位は非局在化するようになり幅が生じる．そこからさらにドープ量を増やしてゆくと，もとの価電子帯と重なり金属的な性質となる．このようにドープ率を増やすとフェルミ準位付近の状態密度が大きくなることで，電極の性質に影響を与えると考えられる．

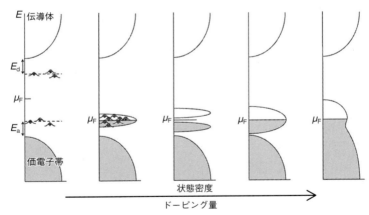

図 3.8　p 型半導体における不純物のドーピング量を増やしたときのバンド図の変化

μ_F：フェルミ準位，E_a：アクセプター準位，E_d：ドナー準位．灰色の部分に電子が充填されている．
【出典】[12] より転載許可を得て引用．

一方,筆者らは,かなり高濃度にホウ素をドープする際,合成条件を制御することでsp^2炭素の混入を回避できることも見出した[13, 14]が,類似な条件で,ホウ素の仕込み量のみを増大させて高濃度のホウ素ドープダイヤモンドを作製しようと試みると,ダイヤモンドのsp^3炭素のみならず,sp^2炭素が混入しやすくなる[13].このsp^2炭素も,ダイヤモンドのバンドギャップ間に準位を形成させる(図3.9)が,絶縁体のダイヤモンドにsp^2炭素が混入するだけでは,バンドギャップ幅は小さくなるのみで,フェルミ準位付近の状態密度は増加しない.しかしながら,図3.8の右側のようにホウ素を高濃度にドープしたダイヤモンドにsp^2炭素が混入すると,図3.8と図3.9の両方を考慮した複雑なバンド構造をとり,フェルミ準位付近の状態密度も単純ではなくなると予想される.このことを考慮すると,ダイヤモンドにわずかなsp^2成分が混入することを想定すると,例えば絶縁体(または半導体)のマトリックス中に混入したsp^2成分は独立してふるまうが,高濃度にドープした金属的なマトリックス中に混入したsp^2成分はエネルギー的に連続的にふるまうと考えられ,同じsp^2成分も電極特性に対する影響がホウ素のドープ量によっても異なることが予想される.すなわち,

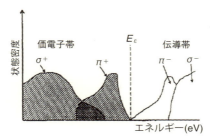

図3.9 グラファイト結晶(sp^2炭素)のバンド構造
【出典】[15]より転載許可を得て引用.

電極作製の設計パラメーターとして,ホウ素のドープ量のみならず,わずかに含まれるsp^2成分も重要であると考えられる [13, 16].

3.2.2 電極電位とエネルギー

半導体電極では,電極と溶液の界面にバンドの曲がりが生じている.このバンドの曲がりが水平となるのに必要な電位をフラットバンド電位というが,これを測定することにより電極電位とエネルギーの関係について理解できる.詳細は他書にゆずるとするが,フラットバンド電位 E_{fb} は,電極電位スケールにおけるフェルミ準位 E_F を与えて,電極電位 E [V] は,次式により電子のエネルギー ε [eV] に換算できる [17].

$$eE = 4.44 + \varepsilon \tag{3.1}$$

(e は電子の電荷であり,e=-1)

図 3.10 には,真空中における水素終端ホウ素ドープダイヤモンドと,0.5 mol L^{-1} 硫酸水溶液中における水素終端ダイヤモンドそれぞれの,価電子帯,伝導帯準位の電極電位について,その位置関係を示している.例えば,ホウ素を低濃度にドープした p 型半導体性のダイヤモンド電極を用いて,フラットバンド電位を求め,それをもとに価電子帯準位が描ける.式 (3.1) より,フェルミ準位のエネルギーは,

$$\varepsilon_F = eE_F - 4.44$$

$$\approx -1.0 \times 1 - 4.44$$

$$= -5.44 \text{ eV}$$

3.2 半導体ダイヤモンドの特性

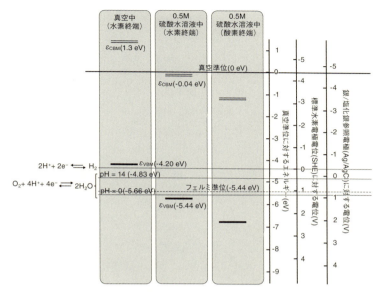

図3.10　電極電位と電子のエネルギーの対応図

真空中，水素終端ダイヤモンド，酸素終端ダイヤモンドそれぞれのバンド位置も示している．

ε_{CBM}：伝導帯下端（conduction band minimum），ε_{VBM}：価電子帯上端（valence band maximum）．

と求まる．仮に価電子帯上端はフェルミ準位よりおよそ 0.10 eV 低いと見積もると [18]，価電子帯上端は，$\varepsilon_{VBM} \approx -5.54$ eV となる．さらに，ダイヤモンドのバンドギャップは 5.5 eV であることから，真空中の水素終端ダイヤモンドの伝導帯下端の準位は，真空準位よりやや低いところにある．一方，水溶液に接触しているエネルギーバンド端は，表面における吸着水分子の双極子の影響で，低く見積もられる（図 3.10）[19]．もちろん，異なる極性をもつ

化学種による表面修飾なども，そのバンド端を変化させることになるため，そのような機能化も興味深い．

ここで，バンド構造を考えるために，溶液中の酸化還元種の電気化学特性，すなわち電子移動の様子をモニターした例を示す [20]．例えば，図3.11に，ホウ素を低濃度ドープした半導体性のダイヤモンド（原料ホウ素炭素比：0.01%）を電極として用いて，いくつかの酸化還元種 (a) methylviologen (MV^{2+})（-0.45 V），(b) Co(sep)Cl_3（-0.35 V），(c) 1,1'-ferrocene dimethanol（0.42 V），(d) Fe(phen)$_3$(ClO_4)$_2$（1.08 V）の酸化還元特性をそれぞれ調べたところ，酸化還元電位（対標準水素電極準位，SHE）がより負になるにつれて，酸化ピークと還元ピークの電位差が大きくなっている．すなわち，その不可逆性が大きく観測されるようになっていることがわかる（図3.11）．酸化還元電位が負の方向に移動する，ということは，(a)〜(d)の順にバンドギャップがより高いところに位置し，酸化還元種と電子移動を行うことのできるキャリア数が減ることを意味している．一方で，ホウ素を比較的高濃度にドープした，金属様のダイヤモンド電極（原料ホウ素炭素比：0.1%）では，そのようなキャリア数の減少は見られず，可逆な反応として観測されている．

3.3 ダイヤモンドの表面伝導性

ホウ素をドープしないダイヤモンドそのものは，バンドギャップ5.5 eVをもつ絶縁体であるが，表面終端が水素のときには室温で表面伝導性を示す [21,22]．この表面はp型半導体であり，150〜400 Kにおいてキャリア密度は10^{13} cm^{-2}，価電子帯からアクセプター準位への活性化エネルギーは，50 meVより小さいと見積もられて

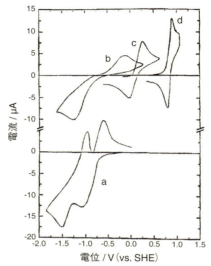

図3.11 ダイヤモンド電極でのさまざまな酸化還元種のサイクリックボルタモグラム

(a) methylviologen (MV^{2+}) (1 mM), (b) Co(sep)Cl_3 (1 mol L^{-1}), (c) 1,1'-ferrocene dimethanol (0.5 mol L^{-1}), (d) Fe(phen)$_3$(ClO$_4$)$_2$ (1 mol L^{-1}).
【出典】[20] より転載許可を得て引用.

おり,室温で十分に励起され,導電性を示すことがわかっている [23]. 真空中では,この水素終端は 700℃ 程度までは安定に存在できるが,例えば空気中で 300℃ に加熱すれば表面が酸化される. このとき,表面伝導性は失われ,絶縁体となる(第5章, 5.1「表面終端と電極特性」を参照).

このような特性を用いて,界面の電荷を検出することで,電界効果トランジスタ(Field Effect Transister, FET)としてセンサーを構築する応用が行われている. 詳細は別稿にゆずるとして [24-

28]，例えば，表面のpHの変化あるいは，陽イオンや陰イオンを選択的に測定することができる．さらには，DNAの有する負電荷をハイブリダイゼーション前後，つまり一本鎖と二本鎖の相違を，測定される電荷量の変化として検出することが可能である．この特性については，従来のシリコンを利用したFETシステムと異なり，絶縁層を介さないシステムを構築できるため，センサーとして利用するときの感度が大きくなると期待される．

また，「電気化学トランスファードーピング」という伝導機構も提案されている [29]．電極表面に吸着した水は，酸素や二酸化炭素といった溶存種によって電気化学ポテンシャルが決まる．このポテンシャルがダイヤモンドのフェルミ準位よりも低ければ電子はダイヤモンドから溶液のほうに移動し，p型となる．表面に生成した正孔は，溶液からの負イオン（例えばCO_2が溶解しているときはHCO_3^-，塩酸の場合はCl^-が相当する）によって電荷が補償されることになるというものである．例えば，この吸着水のpHにより，その電気化学ポテンシャルは変化し，例えば，pH=0であればポテンシャルはダイヤモンドのフェルミ準位よりも低く，p型半導体の伝導性を示すが，pH=14であれば，ポテンシャルはダイヤモンドのフェルミ準位よりも高いためにこのようなp型半導体性は見られない．これは，酸性蒸気にさらされたダイヤモンド表面には伝導性が観測されるが，塩基性の蒸気では観測されない実験事実と矛盾しない [30,31]．

3.4 広い電位窓と小さなバックグラウンド電流

さまざまな電極材料を用いて，0.1 mol L^{-1}硫酸中で電位を走査した際の電流－電位曲線を図3.12に示す．通常の電極材料として，

グラッシーカーボン，金，白金をそれぞれ用いて，正方向に電位を走査した際，およそ1.3 V（vs. Ag/AgCl）付近で電流値の増大が見られる（図3.12）．これは，水の酸化による酸素発生

$$H_2O \rightarrow \frac{1}{2}O_2 + 2H^+ + 2e^-$$

による．一方，負方向に電位を走査すると，0〜-0.5 V（vs. Ag/AgCl）付近で，大きな電流値の増大が見られる．これは，水の還元による水素発生に起因する．これに対して，水素も酸素も発生しない領域を電位窓というが，ホウ素を高濃度にドープしたダイヤモンド電極を用いた場合には電位窓が大変広い（約3.5 V，図3.12）．実はこの電位窓は，ダイヤモンド電極の組成，表面終端等の条件によって異なり（第5章参照），電気化学応用用途に応じて制御することが可能であるが，基本的にsp^3炭素からなるダイヤモンド表面には分子が吸着できるサイトが非常に少ないことがこのような性質の鍵であると考えられている．

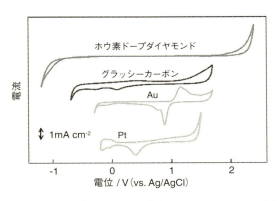

図3.12 さまざまな電極の電位窓（0.1 mol L^{-1} H$_2$SO$_4$中）

さらに、このような表面の不活性な性質は、バックグラウンド電流（電位窓内で流れる電流）を小さくすることにもなる．さらにダイヤモンドは、化学結合で最も強い共有結合のみでできているため、物理的に非常に安定である．また、化学的にも、表面は温和な条件下ではほとんど変化せず安定であるため、電極材料としての耐久性にも優れている．

また、ホウ素を微量にドープしたダイヤモンドはp型半導体であり、半導体としての電気化学特性も調べられているが、一方、n型半導体の性質を示すダイヤモンドの作製も試みられており、将来的には、これらの電気化学的応用も展開が期待できる[32]（第5章、第6章参照）．

引用文献

[1] 藤嶋昭，相澤益男，井上徹，『電気化学測定法（上）（下）』技報堂出版 (1984)．
[2] 電気化学会編，『電気化学測定マニュアル 基礎編』丸善 (2002)．
[3] R. L. McCreery, *Chem. Rev.*, **108**, 2646 (2008)．
[4] 鎌田智之，加藤大，丹羽修，炭素，**264**, 133 (2014)．
[5] O. Niwa, J. Jia , Y. Sato ,D. Kato ,R. Kurita ,K. Maruyama, K. Suzuki , S. Hirono, *J. Am. Chem. Soc.*, **128**, 7144 (2006)．
[6] D. Kato, N. Sekioka, A. Ueda, R. Kurita, S. Hirono, K. Suzuki, O. Niwa, *Angew. Chem. Int. Ed.*, **47**, 6681 (2008)．
[7] J. Wang, *Electroanal*, **17**, 7 (2005)．
[8] L. Hu, D. S. Hecht, G. Grüner , *Chem. Rev.*, **110**, 5790 (2010)．
[9] K. M. Krishna, M. Sharon, M. K. Mishra, V. R. Marathe, *Chem. Phys.*, **162**, 401 (1992)．
[10] C.E. Nebel, B. Rezek, D. Shin, H. Uetsuka, N. Yang, *J. Phys. D. Appl. Phys.*, **40**, 6443 (2007)．
[11] H. Umezawa, T. Takenouchi, K. Kobayashi, Y. Takano, M. Nagao, M. Tachiki, T. Hatano, H. Kawarada, *New Diamond and Frontier Carbon Tech.*, **17**, 1 (2007)．
[12] X. Blase, E. Bustarret, C. Chapelier, T. Klein, C. Marcenat, *Nature Mater.*, **8**, 375 (2009)．
[13] T. Watanabe, Y. Honda, K. Kanda, Y. Einaga, *Physica Status Solidi (a)*, **211**, 2709

(2014).

[14] T. Watanabe, T. K. Shimizu, Y. Tateyama, Y. Kim, M. Kawai, Y. Einaga, *Diamond Relat. Mater.*, **19**, 772 (2010).

[15] K. K. Cline, M. T. McDermott, R. L. McCreery, *J. Phys. Chem.*, **98**, 5314 (1994).

[16] Y. Einaga, J. S. Foord, G. M. Swain, *MRS Bulletin.*, **39**, 525 (2014).

[17] A. J. Bard, R. Memming, B. Miller, *Pure Appl. Chem.*, **63**, 569 (1991).

[18] J. B. Cui, J. Ristein, L. Ley, *Phys. Rev. Lett.*, **81**, 429 (1998).

[19] G. Piantanida, A. Breskin, R. Chechik, O. Katz, A. Laikhtman, A. Hoffman, C. Coluzza, *J. Appl. Phys.*, **89**, 8259 (2001).

[20] N. Vinokur, B. Miller, Y. Avyigal, R. Kalish, *J. Electrochem. Soc.*, **143**, L238 (1996).

[21] M. I. Landstrass, K. V. Ravi, *Appl. Phys. Lett.*, **55**, 1391 (1989).

[22] G. Piantanida, A. Breskin, R. Chechik, O. Katz, A. Laikhtman, A. Hoffman, C. Coluzza, *J. Appl. Phys.*, **89**, 8259 (2001).

[23] K. Hayashi, S. Yamanaka, H. Okushi, K. Kajimura, *Appl. Phys. Lett.*, **68**, 376 (1996).

[24] K. Tsugawa, K. Kitatani, H. Noda, A. Hokazono, K. Hirose, M. Tajima, H. Kawarada, *Diamond Relat. Mater.*, **8**, 927 (1999).

[25] A. Aleksov, A. Denisenko, U. Spitzberg, T. Jenkins, W. Ebert, E. Kohn, *Diamond Relat. Mater.*, **11**, 382 (2002).

[26] H. Ishizaka, H. Umezawa, H. Taniuchi, T. Arima, N. Fujihara, M. Tachiki, K. Kawarada, *Diamond Relat. Mater.*, **11**, 378 (2002).

[27] H. Kawarada, A. R. Ruslinda, *Phys. Status Solidi A.*, **208**, 2005 (2011).

[28] 川原田洋, 化学と工業, **67**, 983 (2014).

[29] V. Chakrapani, S. C. Eaton, A. B. Anderson, M. Tabib-Azar, J. C. Angus, *Electrochem. Solid State Lett.*, **8**, E 4 (2005).

[30] R. S. Gi, T. Mizumasa, Y. Akiba, Y. Hirose, T. Kurosu, M. Iida, *Jpn. J. Appl. Phys. Part 1*, **34**, 5550 (1995).

[31] R. S. Gi, T. Ishikawa, S. Tanaka, T. Kimura, Y. Akiba, M. Iida, *Jpn. J. Appl. Phys. Part 1*, **36**, 2057 (1997).

[32] Y. Mukuda, T. Watanabe, A. Ueda, Y. Nishibayashi, Y. Einaga, *Electrochim. Acta*, **179**, 599 (2015).

第4章

ダイヤモンド電極の応用例

4.1 環境モニタリング

　さまざまな環境で，汚染物質のモニタリングは必要である．水環境に関して，現状では，簡便法として試薬を加えることによる吸光度測定や，重金属であれば高感度測定としてICP（誘導結合プラズマ）発光分析法などが用いられている．前者は，簡便でその場でのモニターも可能であるが，感度が低いことや試薬を用いなければならないことがデメリットとなる．また，後者は感度こそ優れているものの，高価な装置を用いる必要と，試料を分析場所まで持ち運ぶ必要があり，簡便性という点がデメリットである．したがって，測定する現場で，特別な試薬を用いない高感度測定法が大いに期待されている．

　そのような背景のもと，ダイヤモンド電極はバックグラウンド電流が小さく安定であるため，高感度な電気化学検出が可能であること，また，電位窓が広いことから，金属イオンから有機物まで，幅広い分析対象について高感度検出が可能であること，さらには最終的に小型化が可能であり，持ち運びに便利なセンサーとしての実用化の期待が高い．ここに，主に筆者らがこの数年間に得た成果の具体的な例をいくつか紹介する．

4.1.1 残留塩素 [1]

 塩素は水道水,プールをはじめとして,汚水の消毒剤として利用されている.水中に十分な濃度が存在しなければ消毒の効果は認められないが,濃度が高すぎるとトリハロメタンをはじめとした有害な副生成物の生成があるなどの不都合がある.そこで殺菌,消毒に効果のある残留塩素濃度をその場 (*in situ*) でモニターし,濃度を正確に制御する必要がある.現状では,薬剤を用いた吸光光度法や比色法による濃度検出が主流となっているが,薬剤を使用しない電気化学的分析法は簡便かつ高感度の *in situ* モニター法として期待されている.

 有機物や金属と反応せず残留している塩素は水に溶解して HClO (次亜塩素酸) を生成し,一部は ClO^- (次亜塩素酸イオン) となる.強い殺菌消毒効果をもつこれらを,特に遊離残留塩素と呼び,この遊離残留塩素をダイヤモンド電極にて電気化学検出することを試みた.

 50 ppm の HClO 水溶液について水素終端ダイヤモンド電極を用いて CV 測定を行ったところ,1.3 V (vs. Ag/AgCl) に明瞭な酸化ピークが観測された (図 4.1).このような高い酸化電位では,通常の電極材料を用いた際には酸素発生によりピーク検出が困難となるが,広い電位窓を示すというダイヤモンド電極の長所が顕著に現れている例であるといえる.電位を 1.1 V に固定したアンペロメトリーをフローインジェクション分析法により行ったところ,0.1〜2.0 ppm の領域で濃度とピーク電流密度の間に良好な直線関係が得られた.すなわち,水道水,プールの水などの残留塩素分析に必要な濃度領域においても十分に濃度モニターとして利用できることがわかる.

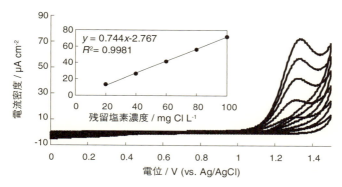

図4.1 ダイヤモンド電極による残留塩素のサイクリックボルタモグラムと検量線
【出典】[1] より転載許可を得て引用.

4.1.2 ヒ素

ヒ素は,大量に摂取したり低濃度でも一定量摂取し続けるとヒ素中毒症を起こすため,水中におけるヒ素化合物の濃度を微量検出することは重要である.特に工場排水など,環境中でのヒ素総量(As(III) と As(V))測定,あるいは As(III) と As(V) の分別測定の要求が高い.現状のヒ素等の重金属測定は,簡便法として,試薬との反応による比色分析法が広く用いられるが,感度の点で微量分析には不向きである.一方,微量定量分析には原子吸光法や ICP 法が用いられるが,現場での測定ができず,簡便性という点で難がある.このような中,半導体工場をはじめとする重金属測定現場にて,"その場で"簡便にかつ高感度で測定できる電気化学センサーの出現が待望されている.

(1) Ir(イリジウム)イオン注入ダイヤモンド電極による測定 [2]

ダイヤモンド電極はヒ素に対して不活性であり,直接酸化させる

ことはできない．実際，ダイヤモンド電極を用いて1 mM の As(III)（ヒ素）水溶液中で電位を印加したところ，酸化ピークは観測されなかった．一方，金属 Ir を電極として用いて同様な測定を行ったところ 0.6 V 付近に酸化ピークが観測された．これは，Ir の還元体が酸化体となる反応に伴い，化合物中の As(III) が As(V) に酸化される反応を示しており，Ir が電気化学的な触媒となることで As の酸化を促したといえる．しかしながら，この酸化ピークは大きなバックグラウンド電流のために分析に応用することは難しいため，Ir イオンをダイヤモンド電極にイオン注入することを試みた．800 keV にて Ir イオンを注入し，この Ir イオン注入ダイヤモンド電極を用いて As(III) 水溶液中で電位を印加したところ，0.7 V 付近に酸化ピークが観測された（図 4.2）．このときのバックグラウンド電流は，ダイヤモンド電極の特徴を反映して極めて小さく，高感度での検出が可能であることがわかる．さらに，電位を 0.6 V に固定したアンペロメトリーをフローインジェクション分析法により行ったところ，濃度とピーク電流密度の間に良好な直線関係が得られ，理

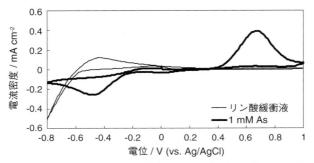

図 4.2　Ir イオン注入ダイヤモンド電極によるヒ素の測定（1 mM As(III)）
【出典】[2] より転載許可を得て引用．

論検出限界は 20 nM（1.5 ppb）という結果が得られた．

(2) ストリッピング法による As(III) と As(V) 分別測定 [3,4]

前述のように，Ir イオン注入ダイヤモンド電極を用いて As(III) の微量検出に成功したが，実際の現場における分析への適用を考えると，ヒ素総量（As(III) と As(V)）測定，あるいは As(III) と As(V) の分別測定の要求を満足していない．そこで，ヒ素総量の分析を目的として，次にストリッピング法（電極に一度金属を濃縮還元し，再び酸化溶解することでその電流値をモニターする）を応用することを試みた．

はじめに，触媒として Au を電着した複合ダイヤモンド電極を作製した．水溶液中で $HAuCl_4$ を還元することで Au を電着した．この複合電極を用い，As 1 ppm を含む水溶液について，はじめに -0.4 V 印加し，その後正方向に電位を走査した．すると，0 V 付近に As 溶出に起因する酸化ピークが観測され，濃度依存を測定したところ 500 ppt までの検出ができ，良好な検量線を作成することができた（図 4.3 a, b）．

しかしながら，As(V) については同様の条件でピークを検出できなかった．そこで電着反応を促進させるために，-1.5 V を印加後，-0.4 V にステップし同様にストリッピング法で測定を行ったところ，濃度に比例したピーク電流値を観測し良好な検量線を作成できた（図 4.3 c, d）．-1.5 V 印加では，As(V)，As(III) ともに As(0) として電着するが，やはり水素発生によりその電着反応が妨害される．そこで，水素発生の起こらない -0.4 V にステップすることでそれらの成分を電着させることができたと考えられる．この方法を用いることで，As 総量に関する検量線を作成することができた．すなわち，前者の方法にて As(III) の定量を行い，後者の方

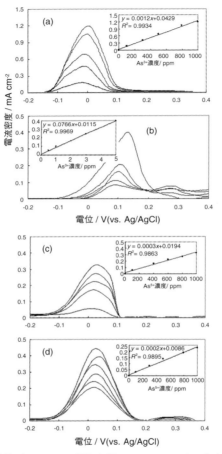

図 4.3 Au 修飾ダイヤモンド電極を用いたストリッピングボルタンメトリーによる As のボルタモグラムおよび検量線
(a) As(III) 高濃度域, (b) As(III) 低濃度域, (c) As(V):As(III) を 100 ppb 含む, (d) As(V):As(III) を含まない.
【出典】[3] より転載許可を得て引用.

法にて As 総量の定量を行うことで，それぞれの分別測定が可能となった．

(3) 電気化学環境センサーへの展開

このように，ダイヤモンド電極を用いてストリッピング法を適用することで，重金属に関して高感度な電気化学センサーとして利用できる．実際に我々はこれまで，As（ヒ素）のみならず，Zn（亜鉛）[5]，Cd（カドミウム）[6]，Se（セレン）[7]，Cr(VI)（六価クロム）[8] についても類似の方法を用いることで高感度検出が可能であることを示している．そのような中，産業界においても「ダイヤモンド電極センサー」の実現を目指した開発が始まりつつある．実際，2010年8月には，（株）堀場製作所より，可搬型の「ダイヤモンド電極を搭載した重金属モニターシステム」の試作機が公開され，「ダイヤモンド電極センサー」実用化の幕開けともいえる状況になりつつある [9]．今後，さらに小型化や高感度化，コスト低減化などの展開とともに，ダイヤモンド電極センサーの広がりが大いに期待される．

さらにこの特性は，水環境における汚染物質のみならず，アルシンガスなど有毒ガスのセンシングにも力を発揮することも示されている [10]．この場合は，電極としての特徴を利用するため，例えば高濃度の硫酸を含むセルを構築する必要があるが，さまざまなガスセンサーへの期待も高い．

さらに，ダイヤモンド電極の修飾，形状制御，表面改質などにより，触媒能の付与をはじめとした電極の高機能化を目指した研究開発 [11-13] の展開が期待される．

4.2 生体物質センサー（生体外）

4.2.1 シュウ酸 [14]

尿中のシュウ酸濃度が異常であるときは，尿結石をはじめとする病気の兆候と考えられるため，その簡便な高感度検出が行えることは意義深い．さまざまな濃度のシュウ酸を含む水溶液に電圧を印加すると，約 1.32 V に明瞭な酸化ピークが観測される．この酸化電

コラム 2

ダイヤモンド電極センサー世界第一号

溶液中の重金属を測定する場合，一般的には誘導結合プラズマ発光分光分析（ICP-AES）や原子吸光分析（AA）を使用されることと思う．しかし，電気化学に通じていれば，アノーディング・ストリッピング・ボルタンメトリー（ASV）を考えられる方もおられるであろう．ASV は 1930 年頃に開発され盛んに研究されたが，作用極に水銀を使用する場合がほとんどであった．水銀電極が重宝された一つの理由は，カソード側の電位窓が広いことである．しかしながら，近年，水銀の有毒性から，使用が避けられるようになり，水銀に代わる電極材料が求められている．

我々は，水銀電極に劣らない電位窓の広さを持つダイヤモンドに着目し，さらに，固体電極であることから電析時に電極内部への金属拡散が起こらないという利点を生かして，ダイヤモンド電極を用いた重金属測定装置（HM-110）を開発した（右図）．

ASV において，精度よく測定するためには，作用極の表面状態が一定であることが最も重要であるため本装置では，機械的・電気的に電極をトリートメントする機構を搭載した．その結果，金や白金電極では測定が難しいカドミウム（Cd）標準溶液において，ICP-AES と同等の定量下限・繰返し精度を達成した．しかし，実際のサンプル測定には，ASV が持つ，以下の根本的な問題を解決する必要がある．

位も，従来の電極材料では観測できず，ダイヤモンド電極を用いることではじめて観測されるものであり，電位窓が広いという特徴を生かした結果であるといえる．さらに，濃度に対して電流密度をプロットするときれいな直線関係にあり，繰返し耐久性も良好である．さらにバックグラウンド電流が小さいという特徴を反映して，理論検出限界は 0.5 nM という非常に低濃度までも測定できるセンサーとして機能する．

① 金属イオンの共存による金属間化合物生成による妨害
② 有機物等の電極吸着による妨害

これまで，「工場排水中のヒ素（As）」や「コメ中のカドミウム（Cd）」測定において，前処理方法を開発することで，これらの問題を解決し製品化を進めている．今後，これまでに得た知見をベースに新たなサンプルへの適用を検討し，さらなるアプリケーションの拡大を図っていく．

図　重金属測定装置（MH-110）

(㈱堀場製作所　村田道生)

4.2.2 タンパク質

がんの発見や診断へ応用されるがんマーカーなどのタンパク質を微量分析する研究が近年盛んに行われている．これまでブルー銅タンパクやシトクロム C.などの酸化還元活性部位をもつタンパク質においては電気化学的直接酸化による定量測定の研究例が報告されている [15]．しかし，酸化還元部位を持たない一般的なタンパク質を電気化学的に定量することは電極表面への吸着などにより困難である．ダイヤモンド電極は表面が不活性なため，有機化合物による吸着が少ないという利点をもち，金属原子などの酸化還元部位を持たないタンパク質をアミノ酸残基の電気化学的直接酸化により定量することを試みた．

(1) タンパク質の定量分析 [16]

ウシ血清アルブミン (BSA) 水溶液 300 mg dL^{-1} を塩基性条件 (pH=10) においてダイヤモンド電極を用いてサイクリックボルタンメトリーを行ったところ，三つに分離した酸化ピーク (0.54 V, 0.75 V, 0.9 V) が観測され，これらはタンパク質に含まれる電気化学活性なアミノ酸3種類（システイン，トリプトファン，チロシン）の酸化ピークに帰属されることがわかった（図 4.4 a）．同様の実験をグラッシーカーボンや白金など他の電極を用いて行った場合にはほとんど酸化ピークが観察されなかったが，これはタンパク質が大きな分子量を持つため電極表面へ吸着してしまうことが原因であると考えられる．すなわち，ダイヤモンド電極を用いることで直接タンパク質の酸化を検出することができることがわかったため，次に pH=7 の条件で，フローインジェクション分析法による定電位測定を行い，BSA の検量線を作成した（図 4.4 b）．その結果 5〜3000 mg dL^{-1} の範囲において直線の検量線が得られ，タンパク質

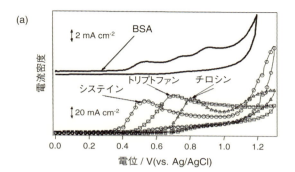

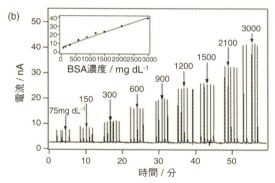

図 4.4 タンパク質の分析
(a) ダイヤモンド電極による(上)ウシ血清アルブミン(BSA)のサイクリックボルタモグラムと(下)各種アミノ酸のサイクリックボルタモグラム.(b) フローインジェクション分析による BSA の測定と検量線.
【出典】[16] より転載許可を得て引用.

を電気化学的に定量することが可能であることがわかった.さらに同様な方法で,がんマーカーとして使用されている免疫抑制酸性タンパク質(IAP)を生体内(*in vivo*)と同様の濃度領域での定量分

析を試みたところ，200〜800 µg mL^{-1} の範囲において直線的な検量線が作成できた．一般に健常者の血中 IAP 濃度は約 350 µg mL^{-1} であり，がんなどの疾患において濃度が上昇することから，がんなどの検診に応用が期待できる．

（2）修飾電極による抗原検出 [17]

以上のようなタンパク質の定量分析の結果は，基本的には，あるタンパク質単体が検出可能であるという成果であるため，さまざまなタンパク質の混合試料においては，前処理として分離過程を経る必要がある．今後は，それらを直接選択検出できるという分離検出機能を備えた電極の創製が重要になると考えられる．その一つのアプローチとして，ダイヤモンド電極表面に抗体を効果的に修飾してmouse–IgG（MIgG）抗原を高感度検出することにも成功している（図 4.5）．多結晶ダイヤモンド電極上にポリ（o-安息香酸）を電気

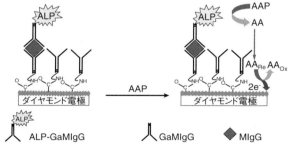

図 4.5 ポリ（o-安息香酸）修飾により修飾したダイヤモンド電極上に anti-mouse–IgG（GaMIgG）抗体を結合した電極
AAP：2-ホスホ-L-アスコルビン酸三ナトリウム塩，AA：アスコルビン酸，AA$_{Re}$：アスコルビン酸還元体，AA$_{Ox}$：アスコルビン酸酸化体，ALP：アルカリホスファターゼ．
【出典】[17] より転載許可を得て引用．

化学的に修飾し,さらに antimouse-IgG (GaMIgG) 抗体を化学結合させたこの修飾電極上では,さまざまなタンパク質の混在している血清試料においても,mouse-IgG (MIgG) 抗原が極めて高感度に,かつ選択的に検出することができた.これは,電極表面上での抗原－抗体反応を利用したものであり,このような手法を応用すれば,感度と選択性を兼ね備えた機能電極として利用できると考えられる.

(3) タンパク質の機能評価

一方で,このようなタンパク質の定量のみならず,「タンパク質の機能を評価する」というアプローチも有効であると考えられる.例えば,初めにタンパク質の変性を直接測定する可能性について検討した.具体的には,自然状態のタンパク質に尿素を加えることでタンパク質を変性させ,その前後でのアミノ酸酸化の電流値を比較測定した.酸化しうるアミノ酸の電極への接近の容易さを考えた際に,立体的に障害の大きい自然状態に対し,容易に電極に酸化部位(アミノ酸)が接近できる変性状態における酸化電流値が明らかに大きいことが観測された.すなわち,この電流値をモニターすることで,容易にタンパク質の変性状態をモニターできる可能性が示唆された [18].さらに,タンパク質の機能として,タンパク質のリン酸化を促す酵素活性(キナーゼ活性)を簡易にモニターできる可能性をも示した [19].

すなわち,これまで,通常の電極材料においては困難であった,「タンパク質の電気化学的な直接検出」に対して大きな進展があったと考えられる.このことは,上述のように,タンパク質の定量分析のみならず,タンパク質の機能そのものを簡易にモニターできる方法として利用できる可能性をも示しており,これからの展開が期

待できる.

4.2.3 金属イオン配列ダイヤモンド電極によるグルコースの選択的検出 [20]

前述の「As の検出」においても記したように,表面が不活性ともいえるダイヤモンド電極は,触媒能に乏しいという点においてはデメリットともなる.しかしながら,この特性を逆手にとることで,混合溶液中における分析の新たな「選択性発現の方法論」として提示できる可能性を見出した.

糖尿病の検査や治療において,グルコースのセンシングは不可欠である.しかしながら,グルコースも,ダイヤモンド電極においては直接酸化することができず,直接酸化させるためにはやはり電気化学的触媒が必要である.そこで,Cu イオン注入ダイヤモンド電極を作製し,グルコースの検出を試みた.ダイヤモンド電極に,室温にて Cu^{2+} をイオン注入し,銅修飾ダイヤモンド電極(Cu–BDD)を作製した.この Cu–BDD 電極を用いて,3 mM グルコースを含む 0.2 mol L^{-1} NaOH 水溶液中でサイクリックボルタンメトリーを行った結果,0.65 V 付近にグルコースの酸化によるピークが観測された.このボルタモグラムを観察すると,陽極方向と陰極方向の電位走査で曲線が重なっており,定常的な電位−電流曲線であることがわかる.この定常電流は,ダイヤモンド表面に分散する銅が微小電極として作用し,グルコースが球状拡散することによる(図 4.6 a).ダイヤモンド電極は吸着を受けにくい不活性な表面のため,グルコースのような吸着を伴って進行するような電極反応は起きにくい.一方で,妨害物質のアスコルビン酸や尿酸はダイヤモンド表面において酸化反応が容易に進行するため,線形拡散を生じる(図 4.6 b).一般にそれぞれの拡散が与える定電位における応答は以下

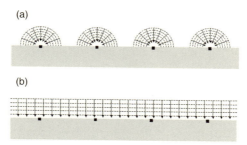

図 4.6 Cu イオン注入ダイヤモンド電極における拡散形態の相違
(a) アスコルビン酸・尿酸．(b) グルコース．
【出典】[20] より転載許可を得て引用．

のように表される．

半球状拡散電流　　$I = \dfrac{4\,zFADC}{\pi r}$ (4.1)

線形拡散電流　　$I(t) = \dfrac{zFADC}{\sqrt{\pi Dt}}$ (4.2)

ここで z, F, A, D, C, t, r はそれぞれ反応電子数，ファラデー定数，電極面積，拡散係数，バルク濃度，電解時間，微小電極の半径である．半球状拡散電流では，時間 t を含まないのに対し，線形拡散電流では時間 t に依存する．

これをふまえ，まずグルコースと妨害物質をそれぞれ別々にクロノアンペロメトリー（CA）を行い，電流の時間依存性を確認した．図 4.7 は 1〜5 mM グルコースの CA 測定結果である．電位を 0.6 V に印加後 3 秒ほどで電流値は定常状態となっており，コットレルプロット（図 4.7 A）の y 切片の電流値を用いて検量線を作成したところ，グルコース濃度に比例して増加する直線が得られた（図 4.7 B）．一方で，ダイヤモンド電極におけるアスコルビン酸と尿酸の混合物のクロノアンペロメトリー（0.6 V）を行ったところ，式

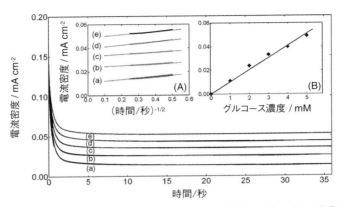

図 4.7 1～5 mM グルコースのクロノアンペロメトリー（Cu イオン注入ダイヤモンド電極）
(A) 対応するコットレルプロットと (B) 検量線.
【出典】[20] より転載許可を得て引用.

(4.1) に従いコットレルプロットは原点を通る直線となった．これらの結果は，グルコース，尿酸，アスコルビン酸の 3 成分が共存する溶液においても，定常電流成分すなわちコットレルプロットの y 軸切片の電流値はグルコース濃度のみを反映することを示唆している．図 4.8 は妨害物質の共存下におけるグルコースの CA 測定を行った結果である．同じグルコース濃度（6 mM）で妨害物質を含まない溶液（図 4.8 a）と妨害物質を含む溶液（図 4.8 b）のコットレルプロットの y 軸切片の電流値はほぼ一致し，定常電流成分が妨害物質の有無に関わらずグルコース濃度を反映することが示され，まったく新しい原理での選択性を示すグルコースセンサーとして利用できることがわかった．この原理を利用して，規則的にニッケルを表面に修飾したダイヤモンド電極を作製し，同様な選択性を評価したところ，混合溶液においても良好なグルコースの検量線を

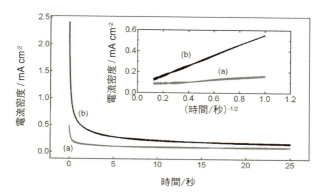

図 4.8 Cu イオン注入ダイヤモンド電極におけるクロノアンペロメトリー（0.5 mol L^{-1} NaOH 溶液）と対応するコットレルプロット
（a）6 mM グルコース，（b）0.5 mM アスコルビン酸，0.5 mM 尿酸，6 mM グルコースの混合溶液.
【出典】[20] より転載許可を得て引用.

作成することに成功している [21].

4.3 生体計測へ

4.3.1 ダイヤモンドマイクロ電極による脳内ドーパミンの in vivo 測定

マイクロサイズのダイヤモンド電極は，電極の小型化が可能であるというメリットのみならず，電気化学センサーとしてより優れた性能を示すため，次世代の標準タイプの電極として期待が高い．すなわち，マイクロ電極では，物質拡散が球状であることにより限界電流が観測されること，また電極面積が小さいため IR 降下（作用極と参照極間の溶液抵抗による電圧降下）の影響が小さく，支持電解質が不要であることなどの特徴があるため，即応答性も含めて優

れている [22]．さらには，小さなサイズであることを生かして，生体内での直接測定（in vivo 測定）可能な電極としても注目されている [23]．ここでは，ダイヤモンドマイクロ電極を作製し，基本的な電気化学特性の評価および，神経疾患やパーキンソン病などに関与し臨床的意義の高いドーパミン（DA）を例に，マウスを用いた in vivo 測定を試み，ダイヤモンドマイクロ電極の有用性の評価を行った．タングステンワイヤを基板にマイクロ波プラズマ CVD 法によりホウ素ドープダイヤモンドを製膜し，ワイヤを電極状に加工し，先端 $\phi 5\,\mu m$ となるようにした（図 4.9 a）．

通常の平板ダイヤモンド電極では支持電解質を加えて電気化学測定を行う必要があるが，ダイヤモンドマイクロ電極を用い，支持電解質を加えない系でアスコルビン酸（AA）共存下 DA 測定を行ったところ，支持電解質を添加しなくてもマイクロ電極の示す特徴の一つである定常電流を観測することができた．また，通常の平板ダイヤモンド電極による実験より，電極の表面酸化によって表面電荷を負に帯電させることで，DA を代表的な妨害物質とされる AA 共存下で選択的に検出できることがすでに報告されている [24] が，このマイクロ電極による測定では，DA と AA の分離がより明確となった．さらに，50 nM の DA までを定量することができ，感度の向上を示した．カーボンファイバー電極との比較も行ったが，ダイヤモンドマイクロ電極の安定性のよさが確かめられた．

従来の in vivo 測定用電極としては，カーボンファイバー電極が利用されているが，性能を比較するために実際にダイヤモンドマイクロ電極によるマウスの脳内での DA 測定を試みた（図 4.9 b）．DA 作動性ニューロンに電気刺激を与え，このとき放出される DA をダイヤモンドマイクロ電極上で酸化し，電流応答を得る方法を用いた．その結果，応答速度が非常に速く，また安定したバックグラウ

4.3 生体計測へ　57

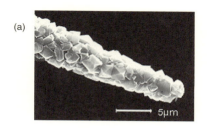

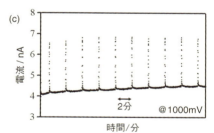

図 4.9　脳内ドーパミン測定（口絵 1 参照）
(a) ダイヤモンドマイクロ電極，(b) ダイヤモンドマイクロ電極による脳内ドーパミンの測定．大脳皮質にダイヤモンドマイクロ電極，刺激電極，対極，参照極を挿入．(c) 電気刺激によるドーパミン放出に対する安定性の評価（刺激は 2 分間隔で印加，測定は 1 V (vs. Ag/AgCl)）．
【出典】[25] より転載許可を得て引用．

ンドと電流応答を得ることができた（図 4.9 c）．また，数時間脳内に挿入した状態で測定を行っても劣化は見られず，安定性という点でもダイヤモンドマイクロ電極の有用性が示唆された [25]．

一方,サルなど比較的大きな動物の脳内におけるドーパミンの *in vivo* 検出の重要性が指摘されているが,従来のカーボンファイバーを用いる方法では,脳内に挿入する際,あるいは測定中に容易に折れてしまうなどの問題があった.ダイヤモンドマイクロ電極は,材料としてのダイヤモンドの強度にも利点があるため,現在注目を集めつつある.実際に,サル脳に挿入するのにふさわしいサイズ ($\phi 20\,\mu m$) の電極を作製し,サル脳での *in vivo* 測定を行った.一つの例として,応答速度の速さを利用したパブロフの実験を行った.光刺激の2秒後にジュースを与えることを繰り返し,初めは光刺激ではドーパミンの放出が観測されないが,光刺激のみでドーパミン放出される電流応答を確認した [26].このような生理現象の時間依存を詳細に調べる研究においては,応答速度の速いダイヤモンドマイクロ電極の利用が有用であることが明らかになりつつあり,今後の脳科学の研究にも大きく貢献できるものと期待される.

4.3.2 ダイヤモンドマイクロ電極による組織中での腫瘍マーカー・グルタチオンの *in vivo* 測定 [27]

グルタチオン (GSH) はがん細胞の治療抵抗性に関わる一つの指標として重要なマーカーであり,腫瘍組織内における濃度や増減を知ることはがん治療の効果を判定するうえで非常に有用であると期待されている.また,GSH は,抗酸化物質として知られ,活性酸素種から細胞を保護する.すなわち,GSH は,細胞質性タンパク質中に形成されているあらゆるジスルフィド結合をシステインに還元するプロセスにおいて,自らは酸化型グルタチオン (GSSG) へと酸化される.通常は,その後酸化型を還元型に変換する酵素(グルタチオンレダクターゼ)が構造的に活性化されるため,GSH 濃度は維持される.すなわち,このバランス(グルタチオン/酸化型

グルタチオン比) が酸化ストレスのマーカーとしても用いられることもある．マーカーの腫瘍組織内における濃度や増減を知るための従来の方法では，がん組織から採取した組織を用いる必要があるため，組織採取の困難さや前処理に時間がかかるなどの問題点があり，生体内にてGSH量をモニターできる簡便な方法が期待されている．そこで，ダイヤモンドマイクロ電極を直接腫瘍組織に挿入することで，生体内でのグルタチオン濃度の変化を簡便に検出できることを目指した．

はじめに，GSHの濃度依存性を測定したところ，非常に高い電位（2.0 V vs. Ag/AgCl以上）での酸化が観測され，ピークとしては観測されないものの，0〜10 mMの濃度範囲で良好な検量線を得ることができた（図4.10 a）．次に，GSSHとの選択性を調べるために，GSH，GSSGそれぞれ10 mMの酸化ピークを比較した．その結果，酸化電流の立ち上がりに違いがみられ，例えば，1.3 V（vs. Ag/AgCl）を印加したときは，GSHの酸化ピークは観測されるが，GSSGは酸化されない（図4.10 b）．そこで，この電位（1.3 V（vs. Ag/AgCl））における電流値をモニターすれば，GSSG成分の妨害を受けることなく，GSHの濃度を知ることができる．すなわち，GSHおよびGSSGを分離検出できることがわかり，生体内においてリアルタイムでGSH濃度をモニターすることを試みた．ヒト口扁平上皮細胞（がん細胞）を作用させたマウスと，健康なマウスのそれぞれのわき腹の組織にダイヤモンドマイクロ電極を挿入し，1.3 V（vs. Ag/AgCl）を印加したクロノアンペロメトリー測定を行ったところ，明らかに腫瘍マウスではGSH濃度が高く，健康なマウスではGSH濃度が小さいことが観測された．さらに，ダイヤモンドマイクロ電極を挿入したまま，腫瘍マウスに6 GyのX線を照射し，やはり1.3 V（vs. Ag/AgCl）における電流値をモニターしたところ，

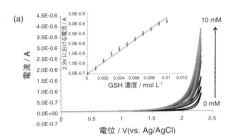

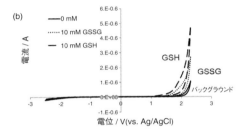

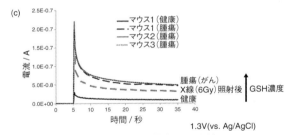

図 4.10 組織内 GSH 測定

(a) ダイヤモンドマイクロ電極によるグルタチオン (GSH) のサイクリックボルタモグラムと検量線. (b) グルタチオン (GSH) および酸化型グルタチオン (GSSG) のサイクリックボルタモグラム. (c) 生体内 (*in vivo*) におけるクロノアンペロメトリー測定. 健康な組織における GSH 濃度より腫瘍組織における GSH 濃度が高いことがわかる. さらに, 腫瘍組織に放射線 (6 Gy) を照射したところ, がん組織腫瘍内 GSH 濃度の減少がその場で観測されている.

【出典】[27] より転載許可を得て引用.

GSH濃度の低下が観測された（図4.10 c）．これは，*in vivo*（生体内）で，直接に放射線治療の効果をモニターできることを示している．すなわち，今後，GSHの含有量を腫瘍組織内にて直接測定することで，放射線や化学療法などのがん治療によって濃度動態がどのように変化するかをリアルタイムでモニタリングし，治療効果を迅速に判定することができるようになり，新しい「簡易かつ高感度な病態診断法」として利用されることが期待される．

4.3.3 pHセンサーへの応用例

「pH測定」は化学反応を管理するために非常に重要であり，環境計測，生体計測，どちらの分析にも欠かすことができない技術である[28]．測定には，一般にガラス電極法が主流であるが内部液の必要性や小型化が困難などの欠点がある．また，近年ではISFET（イオン応答電界効果トランジスタ）や光学的手法などの測定法の開発なども盛んであるが，新しい手法として，ダイヤモンド電極を用いた直接的なpH測定の可能性について述べる．

(1) 酸溶液におけるpH [29]

はじめに，リニアスイープボルタンメトリー（LSV）による測定を行った．さまざまな酸（塩酸，硫酸，酢酸，乳酸）を用いてさまざまなpHの溶液を調製し，水素発生の起こる$-1.2\,\mathrm{V}$（vs. Ag/AgCl）における電流密度を測定したところ，pHに対して良好な直線関係が得られた．この関係は，強酸，弱酸を含むさまざまな酸の混合溶液についても同一であり，pH測定ができることを示している．これは，水素発生の電流値が，プロトンのバルク濃度[H^+]に依存する（コットレルの式）ことに起因する．同様な実験を他の電極材料を用いて行ってもこのような現象は観測できず，還元側において

も電位窓が広いダイヤモンド電極であるからこそ観測されうる現象であるといえる．

(2) 広範囲におけるpH測定 [30]

前述 (1) の方法では，pHの低い酸性領域においては測定が可能であるが，pHの高い，すなわちプロトン濃度の小さい領域においては水素発生の電流値が小さくなるため，測定が困難となる．そこで，より広範囲のpHを測定するために，クロノポテンシオメトリー (CP) 法を用いた．すなわち，水素発生の起こる領域において一定密度の電流を流し，その際の電位の時間依存をモニターした．はじめに，pH＝2の溶液を用いて最適な電流密度を決定した ($-18\,\mu\mathrm{A\,cm^{-2}}$)．次に，さまざまなpHの溶液に対して，この電流密度における電位変化をモニターし，一定値となった電位を読み取ってプロットしたところ，酸性領域のみならず，塩基性領域においても良好な直線性を得ることができた (図 4.11)．同様な測定をグラッシーカーボン電極を用いて行ったところ，pH＝1〜5の範囲では直線性が得られたが，pH＝6以上の領域では測定できないことがわかり，ここでもダイヤモンド電極の広い電位窓の特徴が生かされているといえる．

次に，この測定において，水素発生の電流に影響を与えると考えられる要因について検討した．はじめに，ガラス電極においてpH測定に大きな影響を与えるNa^+, K^+について，その効果を調べた．それぞれのpHの溶液に，それぞれ，$0.1\,\mathrm{mol\,L^{-1}}$のNaClおよびKClを加え，同様な測定を行ったところ，それらを加えていないものとまったく同じ検量線を与えた．すなわち，これらのアルカリイオンの影響はないものと考えられる．

さらに，水素発生が起こる領域に電気化学反応を起こしうる酸化

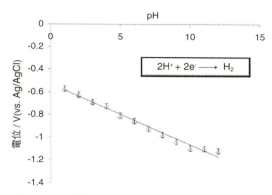

図 4.11 ダイヤモンド電極を用いたクロノポテンシオメトリーによる pH 測定
【出典】[30] より転載許可を得て引用.

還元種が混在している際の影響について検討するため,[Fe(CN)$_6$]$^{3-}$ イオンを含む溶液について検討を行った.電流密度 $-18\,\mu\text{A cm}^{-2}$ で電位をモニターした結果,[Fe(CN)$_6$]$^{3-}$ イオン濃度が濃いとき(0.1〜100 mM)は,Fe(III) から Fe(II) への還元電流が影響を与え,40 秒経過しても観測される電位が異なるものとなった.しかし,0.001 mM のときは,30 秒経過後にそれを含まない場合と同じ電位を示した.すなわち,この場合は 30 秒経過後に電極界面における [Fe(CN)$_6$]$^{3-}$ のイオン濃度が 0 となることを示しており,この電流密度においては,混合している酸化還元種の濃度が 0〜0.001 mM の範囲であれば,pH 測定が可能であることを示している.そこで,この方法を用いて,実際に水道水の pH 測定を行ったところ,ガラス電極で示した pH(6.83)とほぼ同じ pH 値(6.73)を得ることができた.

以上のように,本方法による pH 測定は,妨害成分が一定の濃度以下であるという条件を伴う.しかしながら,例えば,このように

妨害する酸化還元種の濃度が高いということが既知である場合は，電流密度をより大きくすることで，妨害成分の濃度が高くてもこの測定範囲を広げることが可能となるため，条件を最適化することで非常に広範な溶液のpHを容易に測定できると考えられる．

(3) 胃の中のpH（生体内）測定への応用 [31]

pHの変化は，生体内のさまざまな生理学的状態および病理学的症状に影響を及ぼす．特に，酸を分泌している器官である胃は，そのpHが胃の状態や異常を反映するため，pHの変化をリアルタイムでモニターすることは重要である．また，がんなどの腫瘍組織では，代謝の過程で産生される乳酸などの物質によってpHが変化することが知られており，腫瘍の性質や状態を反映する指標となる．そのため，生体にできるだけダメージを与えずに，生体内のpHをモニターする方法の開発が期待されている．

はじめに，ダイヤモンドマイクロ電極を用いてクロノポテンシオメトリーにより，-50 nAの一定電流を流したときの電位をモニターしたところ，pHの変化に応じて電位が直線的に変化することを確認した．その後，健常なマウスの胃にダイヤモンドマイクロ電極を挿入し，-50 nAの一定電流を流し，その電位を測定したところ，酸性のpHであることを確認した（図4.12 b）．100秒経過後，胃内部に少量のリン酸緩衝液（PBS，pH$=$7.45）を注入したところ，大きくその電位が変化し，pHが中性側へ変化したことがわかった（図4.12 b）．検量線を用いることでpH値を知ることもでき，生体内でpHの直接測定，刺激などによる変化をリアルタイムに高感度で測定できることがわかった．また，胃酸分泌を阻害する薬物であるパントプラゾールを投与した際の胃のpHの変化を調べた．5匹のマウスを5日間にわたり体重1 kg当たり40 mgのパン

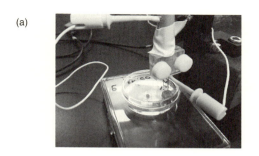

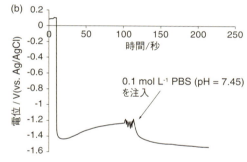

図 4.12　胃内 pH の直接測定
(a) ダイヤモンドマイクロ電極による胃の中の pH 測定．(b) クロノポテンシオメトリーによる測定（−50nA）．
100 秒経過後，pH＝7.45 のリン酸緩衝液を注入．
【出典】[31] より転載許可を得て引用．

トプラゾールで処置し，未処置のマウスの胃の pH と比較したところ，処置を行ったマウスの胃内の記録された電位が，未処置のマウスの記録された電位の絶対値よりも高いことを観測した．すなわち，パントプラゾールが胃の pH の上昇をもたらしたことを，直接 *in vivo* でモニターすることに成功した．この成果は，胃に限らず，食道や十二指腸をはじめ，さまざまな生体組織における pH モニターにも使用されることが期待される．

4.4 水処理応用

地球上に,水は約 14 億 km^3 存在するといわれる.しかしながら,淡水はそのうち 0.01% であり,人口増加や気候変動を鑑みて,地球規模で水資源の確保は急を要する課題であることは間違いない.その中で,電解による水処理は,他の方法で処理することが困難な難分解性の物質を酸化分解することが期待できることから重要な技術として認識されている.ところが,従来の電極材料である,酸化鉛,白金,酸化スズ等は,酸化力が小さい,大きな電流を流すことができない,安定性・耐久性に乏しい等の問題があり,水処理への利用は限られている.そのような中,ダイヤモンド電極は,これらの欠点を克服できる電極材料として期待されているという訳である [32].

ダイヤモンド電極のもう一つの大きな特徴として,水中で高電位を印加すると OH ラジカル(ヒドロキシルラジカル)が高効率で生成することが挙げられる.一方,「ダイヤモンド」材料としての耐久性・安定性においても他の電極材料に優ることも期待されることからも,ダイヤモンド電極が,有機物分解,水処理,汚水浄化等の応用へ展開できることが検討されている [33-39].

ところで,電極材料を,「活性な電極」と「不活性な電極」に分類して考えることがある [40].水中で電位を印加したときの水の酸化反応の過程において,「活性な電極」上では,水分子がまず電極上で OH ラジカルとなり,電極の活性部位(M とする)に吸着する過程を経て,酸素発生が起こると考えられる(図 4.13).一方,「不活性な電極」では,電極上で発生した OH ラジカルは,電極表面と相互作用が弱く,有機物との反応の中間体となりうるため,有機物を分解し,最終的に CO_2 と H_2O への分解に寄与する効果が期

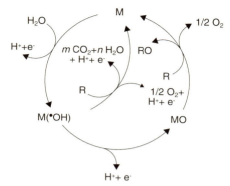

図 4.13 電極上における陽極酸化のメカニズム
R：有機物，RO：有機物の酸化体．
【出典】［40］より転載許可を得て引用．

待される（図 4.13）．なかでも，「ダイヤモンド電極」は，典型的な「不活性な電極」ということができ，有機物分解のような水処理，汚水浄化応用に期待がもたれている，というわけである．

詳細は既報にゆずるが，実際に，従来電極に比べて，TOC（全有機炭素）や COD（化学的酸素要求量）の低減特性が優れていることが多く確認されている．実際に欧州ではダイヤモンド電極を用いた水処理システムが市販されている例もあり（図 4.14）［41］，現在もなお積極的に開発が進められている．

しかしながら，ダイヤモンド電極で発生し，有機物分解に寄与する OH ラジカルはあくまでも電極上にて発生するものであり，かつ寿命をもつ種である．そのため，例えば，ある電流密度（限界電流値という）以上の電流を流したときには，その電解過程は，物質移動律速，すなわち，分解すべき物質をいかに電極表面上に集められるか，によってその効率が決まる（物質移動律速）．一方，電流が小さい場合（限界電流値以下）では，電子移動律速，すなわち，流

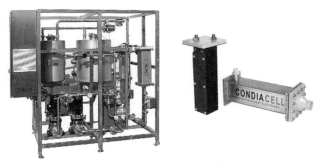

図 4.14 市販されているダイヤモンド電極搭載の水処理システム
【出典】[41] より転載許可を得て引用.

した電流に依存して電解することができるため,電流効率という点ではよいが,高濃度の有機物・汚水を分解することは不向きである.したがって,実際の水処理を行う場合には,このダイヤモンド電極の特徴を生かしつつ,系にふさわしい工夫,例えば既存の技術との併用などによるものが現実的であると考えられている.

一つの例として,例えば,上記の物質移動律速の条件においても,電解液に硫酸を混合した系では,硫酸の酸化によって生成する(長寿命の)ペルオキソ二硫酸($H_2S_2O_8$)による酸化促進が起こり効率的に電解が達成できる,というような工夫もある [42]. このペルオキソ二硫酸の生成も,ダイヤモンド電極に特有の反応であり,ダイヤモンド電極の利点を生かすことができる方法であるともいえる.その他,例えば,難分解性物質に対して,初期の分解にダイヤモンド電極を用い,分解途中で生成する,より容易に分解できる物質は生物処理などを併用することが有益であると考えられている.また,光触媒を用いた水処理を併用することで低濃度の対象物質の分解が容易に進行することなども検討されている.さらに,ダイヤモンド電極を陽極に用い,過酸化水素発生陰極を組み合わせ,

さらに鉄イオンを溶解させたフェントン反応を総合的に利用することで分解効率を高める技術（電解フェントン法）と併用することも検討されている [43].

いずれにしても，電解セル構造自体の工夫とともに，このような処理効率の増大を図るためのハイブリッドな電解処理システムの構築が必要であると考えられている．

4.5 オゾン生成

オゾンガスを水に溶解したオゾン水は，強い酸化力をもち，殺菌など環境の浄化に有効であると考えられている．しかも，従来よく用いられる塩素系剤と異なって残留性がないこと，強い殺菌力をもちながら耐性菌を作らないこと，さらには，オゾン水自体の毒性を示すデータはほとんどなく，生体への悪影響が少ないなど，優れた特徴を示す．このオゾン水は，現在すでに食品添加物として認可されており，食品工場内および食品そのものの殺菌には多くの実績がある．

オゾン水生成装置としては，放電式と電解式が主なものであるが，生成効率等の観点から放電式が主なものとなっている．電解式オゾン発生器としては，従来は白金電極が用いられていることが多いが，ダイヤモンド電極を用いた際のオゾン電流効率は大きく，不純物の発生がほとんどなく，また，放置状態における安定性および立ち上がり特性も良好であることから，近年特にその開発に注目が集まっている．

陽極における水電解反応では，オゾンと酸素が同時に発生する．

$$3\,H_2O \;=\; O_3 \;+\; 6\,H^+ \;+\; 6\,e^-, \; 1.51\,V \text{ vs. SHE} \tag{4.3}$$

$$2\,H_2O = O_2 + 4\,H^+ + 4\,e^-, \quad 1.23\,V\ \text{vs. SHE} \tag{4.4}$$

通常の電解オゾン発生装置は，イオン交換膜を組み込んだ接合体

コラム 3

ダイヤモンド電極で歯科治療

ダイヤモンド電極は，広い電位窓を有しており，電解によってオゾンなどの酸化剤を効率よく生成する．この特性を生かし，ダイヤモンド電極を用いた新しい歯科治療法が研究されている．

虫歯が歯髄まで達し，歯髄炎を起こすと，根管治療という措置が必要になる．これは，歯を削り，切削器具等で歯の根の内部（根管）の感染組織を物理的に除去し，次亜塩素酸ナトリウム水溶液で殺菌する方法である．しかしながら，この方法では根管内の細菌を完全に殺滅できず，治療後に炎症や虫歯が再発してしまうことがある．また，このとき使用する次亜塩素酸ナトリウム水溶液は1％程度と高濃度であり，健常な組織への影響も懸念される．

そこで，根管にきわめて細いダイヤモンド電極を挿入し，電解することで，根管内部にピンポイントに酸化剤を生成させ，殺菌する新しい治療法が考案された．ダイヤモンドマイクロ電極を用いて試作された歯科治療ユニットの電子顕微鏡像を図に示す[1]．ダイヤモンドマイクロ電極に，イオン交換膜を介して，対極がらせん状に巻きつけられた構造になっている．数V程度の直流電圧を印加すると，図中に示した電極反応が進行し，オゾンなどの酸化剤がユニット近傍にのみ生成する．すでに，細菌を繁殖させた抜去歯の根管を用いた *in vitro*（実験室での）試験において，このユニットが従来の次亜塩素酸ナトリウム水溶液処理と同等の効果を有することが確認されている．さらに，ホウ素をドープしたダイヤモンドパウダー[2]を高分子とコンポジット化して，既存の歯科治療器具に塗布し，同様にユニット化することで，フレキシブルで製造コストの低い，使い捨ての治療ユニットが実現できることも示唆されている．将来，根管治療だけでなく，歯周病など，歯科治療全般において，ダイヤモンド

とする．電流密度が大きいほど酸素発生 (4.4) 式よりオゾン生成 (4.3) 式が有利となり，電流効率およびオゾン水濃度が増加する．また，水温が低いほどオゾン水濃度は増加することも知られてい

電極の応用が期待できる．

　光り輝くダイヤモンドが，光り輝く健康な歯の維持にも貢献する日がくるかもしれない．

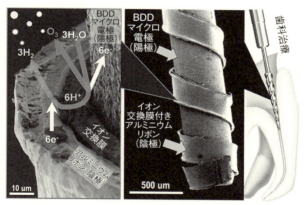

図　ダイヤモンドマイクロ電極を用いた歯科治療ユニット

((公財) 神奈川科学技術アカデミー　落合　剛)

引用文献

1) T. Ochiai, Y. Ishii, S. Tago, M. Hara, T. Sato, K. Hirota, K. Nakata, T. Murakami, Y. Einaga, A. Fujishima, *Chem. Phys. Chem.*, **14**, 2094–2096 (2013).
2) T. Kondo, H. Sakamoto, T. Kato, M. Horitani, I. Shitanda, M. Itagaki, M. Yuasa, *Electrochemistry Communications*, **13**, 1546–1549 (2011).

る.これは,低温ほどオゾン生成(4.3)式の反応が促進され,ヘンリーの法則に従って溶解度も増加するためと考えられる.一般的には,$0.1\ \mathrm{A\ cm^{-2}}$以上の電流を流せば,十分な殺菌効果が期待できる数$\mathrm{mg\ L^{-1}}$程度のオゾン水を瞬時に合成できる.

ダイヤモンド電極を用いたオゾン発生装置として,現在は,可搬バッチ式や直接原料水ラインに接続する小型フロー式装置が市販されている [44, 45].一方,オゾン水の優れた生理活性効果と殺菌性などについては,獣医,歯科分野での有効性が認識されているが,医科学的な知見からの実証に関しても現在注力されている [46].近い将来,うがいや手洗いなど,医療現場や家庭用としての展開が大いに期待されている.

4.6 新物質合成

化学の醍醐味の一つは,分子から機能をもつ物質を創製することであり,創薬をはじめとして,有用物質を合成する有機合成化学の重要性はいうまでもない.そのような有機合成において,極めてクリーンなエネルギーである「電気」を用いて有機合成化学を行うこと(有機電解合成)は,酸化もしくは還元したい基質以外に化学酸化剤や化学還元剤を必要としないことから,環境低負荷なグリーン・サスティナブル化学の主軸として認識されている.例えば,工業的にも1964年にモンサント社による6,6-ナイロンの原料であるアジポニトリルの電解製造が行われたり,1990年代後半にはドイツBASF社によってベンズアルデヒド-フタリド製造が行われるなど,その有用性は世界中で注目されていた.そのような中,特に環境問題の解決が急務である近年では,クリーンなエネルギーであるという観点が再認識されていることに加え,資源問題,すなわちレ

アメタルの供給問題から，元素戦略的にも金属電極に置き換わる新たなレアメタルフリー電極開発が望まれるようになっていることも背景としてある [47]．

一方，これまでの章で述べてきたように，ダイヤモンド電極は，「不活性な電極」であり，その特徴を生かした水中での系について主に検討されてきており，有機溶媒中での反応については積極的に検討されてはいなかった．実際に有機合成への応用例は少なかったが，2004年のComninellisらによる炭素–炭素結合の切断 [48]，2010年のWaldvogelらによるジアリール骨格の構築 [49] などがその先駆けとして報告されている．いずれも単純な基質の電解酸化のみではあったが，ダイヤモンド電極特有のものである．

そのような中，レアメタルフリーな電極材料であるダイヤモンド電極による「有機電解合成」の展開が大きく注目されるようになってきた，という背景もあり，近年その関心が高まっている．実際に，筆者らは，2012年，これまでに報告例のなかった天然物のような複雑な基質の電解に関して興味深い成果を得ている [50]．

4.6.1 メトキシラジカル生成を利用した有用物質創製 [50]

不安定化学種「メトキシラジカル」は極めて不安定な化学種であり，第1級から第3級まですべてのC−H結合から水素を引き抜くことができるとされており，そのような高活性な化学種を望むときに望む量だけ電気で発生させることができれば，レアメタルを凌ぐ有機反応の開発が可能であると期待されていた．一方で，前述4.4節で述べたように，ダイヤモンド電極の水処理応用が検討されているが，これは，水中でのダイヤモンド電極を用いた電位印加によって，OHラジカルの効率的な生成が起こることがその大きな要因である．このことを考えれば，ダイヤモンド電極を用いた有機溶媒中

での電解により，他電極では生成しない活性種の生成も期待される．

はじめに，1.0 V（vs. SCE）でメタノール中，各種電極を用いて電解酸化を行い，ラジカル種が生成するかどうかを調べた．すなわち，ラジカル捕捉剤「DMPO」で安定ラジカルへと変換し電子スピン共鳴法（ESR）で測定することで，電解液中でのラジカルの存在を確認した．その結果，白金電極，グラッシーカーボン電極に比べて効率的なメトキシラジカルの生成を観測することができた（図4.15）．

次に，実際の有機反応として，安価な原料であるイソオイゲノールをメタノール中で電解酸化を行ったところ，抗炎症活性を持つリカリンA（図4.16 a）が一段階で合成された．寿命をもつメトキシラジカルを経由した反応であるとすれば，電極界面での物質拡散を抑制できる「ダイヤモンド電極を用いたマイクロフローシステム」を構築することで，生成したラジカルを反応に有効に利用でき，収

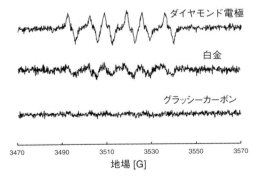

図 4.15　メトキシラジカルの生成を示す ESR スペクトル
【出典】[50] より転載許可を得て引用．

率を高めることができると考えられる．そこで，実際にそのようなフロー系のシステムを構築して電解合成実験を行ったところ，高収率を達成するとともに，高収量を実現している（図 4.16 a）．

いずれにしても，これは，ダイヤモンド電極上で発生したメトキシラジカルが反応に関与し，機能をもつ有用物質合成が可能になったと考えられ，新しい環境調和型の物質創製の方法であるといえる．「ダイヤモンド電極によって特異的に発生させることのできる化学種を経由した物質合成」という方向性は今後ますます重要になると考えられる．

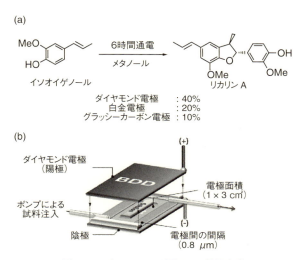

図 4.16 ダイヤモンド電極での電解合成
(a) イソオイゲノールの電解酸化（メタノール中），(b) ダイヤモンド電極を用いたマイクロフローリアクター．微少な空間で反応を行うことでメトキシラジカルを効率的に活用することが可能となった．
【出典】[50] より転載許可を得て引用．

4.7 CO_2 を原料に有用物質を合成 [51]

近年,二酸化炭素の資源化や循環利用の観点から二酸化炭素を原料とした物質合成が大変注目されている.中でも電解還元法は,電極上での還元反応によって二酸化炭素を資源性の高い物質に変換することができるため,古くから研究されてきた [52-55].実際にこれまでも,二酸化炭素の電解還元効率を上昇させるべく,さまざまな条件検討の試みがなされてきている.例えば,二酸化炭素の溶解度を高めるための電解液の選定や,圧力下における高濃度溶解を行うシステムの検討なども含め,多くの研究例がある.しかしながら,工業的に見ると,電極の耐久性や,競争反応となる水素発生による電解生成物の効率の低さなどが問題となっていた.

しかしながら,これまでにも述べてきたように,ダイヤモンド電極は,水素過電圧が高いため水素の生成が少ないことや,他電極ではみられない特異な反応も起こりうるため,二酸化炭素の高効率な還元反応の実現が期待される.

まず,ダイヤモンド電極を用いて,二酸化炭素の溶解度の高いメタノール溶液中で還元電解をすることを試みた.初めに,メタノール中にて,窒素バブリングにより溶存酸素,二酸化炭素を除き,その後二酸化炭素のバブリングを行ってサイクリックボルタモグラムを測定した.その結果,二酸化炭素の還元に起因するピークが$-1.4\,\mathrm{V}$ (vs. Ag/AgCl) 付近に観測された (図 4.17).次に,一定電位 $-1.5\,\mathrm{V}$ (vs. Ag/AgCl) で1時間電解を行い,生成物を分析したところ,生成物はホルムアルデヒド,ギ酸,水素であった (図 4.18).ここで驚くべきは,ホルムアルデヒドのファラデー効率が 70% を超えているということである.これまでの他電極による CO_2 の電解還元の報告においてホルムアルデヒドが高効率に生成した例

4.7 CO₂ を原料に有用物質を合成

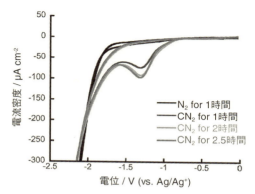

図 4.17　メタノール中に溶解した CO_2 のサイクリックボルタモグラム（口絵 2 参照）
【出典】[51] より転載許可を得て引用.

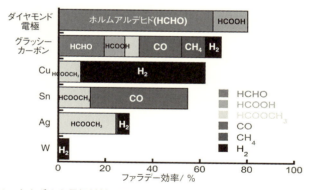

図 4.18　さまざまな電極材料を用いて CO_2 還元電解を行った際の生成物（メタノール中）（口絵 3 参照）
【出典】[51] より転載許可を得て引用.

はなく，極めて特異であるといえる．比較として，グラッシーカーボンや金属電極を用いた場合では，主生成物は一酸化炭素，ギ酸，

ギ酸メチル，メタン，水素などであった．

ホルムアルデヒドはプラスチック（メラミン樹脂等）や化学品の原料として非常に重要な物質である．さらに，ホルムアルデヒドは工業的にはメタノールの酸化によって得られるものであり，元をたどれば化石燃料を原料とする（メタノールのおよそ4割がホルムアルデヒドの製造に使われている）．しかしこのダイヤモンド電極による CO_2 還元は，化石燃料ではなく，二酸化炭素を原料とするため，理論上，資源の制約がないといえる．

さらに，ありふれた電解液である海水を用いた系において同様な実験を行った．実際に海水を用いる前に，0.1 mol L^{-1} NaCl 水溶液を用いて電解を行った結果，62% の効率でホルムアルデヒドが生成した．次に，海水を用いて行ったところ，ホルムアルデヒドのファラデー効率は NaCl 水溶液を用いた場合に比べて減少するが，約36% の効率を示し，海水を電解液として用いた場合でもホルムアルデヒドを生成することができることが明らかになった．一般的に金属電極などでは腐食の可能性があるため海水を用いた電解還元は難しいとされているが，ダイヤモンド電極は腐食にも強く，電解還元が可能であることが期待される．ここで，CO_2 の電解還元では，電解液中の電子とプロトンが反応に関与する．

$$CO_2 + 4H^+ + 4e^- \rightarrow HCHO + H_2O \tag{4.5}$$

したがって，資源として豊富に存在し，かつ導電性の高い海水を電解液として用いるシステムは，将来，CO_2 を海水中に排出した液を電解することで有用物質を合成できる合理的なものとして応用できると期待される．

例えば，鉛や水銀など，一般的に「不活性な電極」，すなわち，CO_2 の吸着特性が低いといわれている電極材料での還元では，ギ酸

HCOOH が生成しやすいことが知られている．一方，「活性な電極」といわれる銅，金，亜鉛等の電極材料では，CO_2 が最初に還元して生成した CO_2 アニオンラジカル（・CO_2^-）が電極に吸着した種が還元し，最終的には CO や炭化水素が生成する，という経路をとると考えられている [53]．

ダイヤモンド電極は，前者の「不活性な電極」の部類に属すると考えられるが，ギ酸はわずかしか生成していない．そこで，さまざまな電極材料を用いて，ギ酸を電解還元することを試みたところ，ダイヤモンド電極を用いた場合のみ，ホルムアルデヒドが高効率で生成し，他電極の場合は，ギ酸は還元されていないことがわかった．このことは，ダイヤモンド電極上では，CO_2 還元により，ギ酸を経由してホルムアルデヒドまで還元されたことを示唆しており，ダイヤモンドの特異性が改めて見出されているといえる．しかしながら，なぜこのようにダイヤモンド電極のみがギ酸を還元できるのかも含めて，ダイヤモンド電極界面における電気化学反応の基礎評価が急がれる．

引用文献

[1] M. Murata, T. A. Ivandini, M. Shibata, S. Nomura, A. Fujishima, Y. Einaga, *J. Electroanal. Chem.*, **612**, 29 (2008).
[2] T. A. Ivandini, R. Sato, Y. Makide, A. Fujishima, Y. Einaga, *Anal. Chem.*, **78**, 6291 (2006).
[3] D. Yamada, T. A. Ivandini, M. Komatsu, A. Fujishima, Y. Einaga, *J. Electroanal. Chem.*, **615**, 145 (2008).
[4] Y. Nagaoka, T. A. Ivandini, D. Yamada, S. Fujita, M. Yamanuki, Y. Einaga, *Chem. Lett.*, **39**, 1055 (2010).
[5] M. Langeloth, M. Chiku, Y. Einaga, *Electrochim. Acta*, **55**, 2824 (2010).
[6] S. Fierro, T. Watanabe, K. Akai, M. Yamanuki, Y. Einaga, *J. Electrochem. Soc.*, **158**, F 173 (2011).

[7] S. Fierro, T. Watanabe, K. Akai, M. Yamanuki, Y. Einaga, *Int. J. Electrochem.*, **2012**, 1 (2011).

[8] S. Fierro. T. Watanabe, K. Akai, Y. Einaga, *Electrochim. Acta.*, **82**, 9 (2012).

[9] (株) 堀場製作所, *Readout*, Special Issue (October, 2013).

[10] T. A. Ivandini, D. Yamada, T. Watanabe, H. Matsuura, N. Nakano, A. Fujishima, Y. Einaga, *J. Electroanal. Chem.*, **645**, 58 (2010).

[11] 近藤剛史, 栄長泰明, 藤嶋昭, 河合武司, 表面, **43**, 30 (2005).

[12] T. Kondo, H. Hoshi, K. Honda, Y. Einaga, A. Fujishima, T. Kawai, *J. Phys. Chem. C.*, **112**, 11887 (2008).

[13] T. Kondo, S. Aoshima, K. Hirata, K. Honda, Y. Einaga, A. Fujishima, T. Kawai, *Langmuir*, **24**, 7545 (2008).

[14] T. A. Ivandini, T. N. Rao, A. Fujishima, Y. Einaga, *Anal. Chem.*, **78**, 3467 (2006).

[15] F. A. Armstrong, *Encyclopedia Electrochem.*, **9**, 11 (2002).

[16] M. Chiku, T. A. Ivandini, A. Kamiya, J. Nakamura, A. Fujishima, Y. Einaga, *J. Electroanal. Chem.*, **612**, 201 (2008).

[17] A. Preechaworapun, T. A. Ivandini, A. Suzuki, A. Fujishima, O. Chailapakul, Y. Einaga, *Anal. Chem.*, **80**, 2077 (2008).

[18] M. Chiku, J. Nakamura, A. Fujishima, Y. Einaga, *Anal. Chem.*, **80**, 5783 (2008).

[19] M. Chiku, K. Horisawa, N. Doi, H. Yanagawa, Y. Einaga, *Biosensors and Bioelectronics*, **26**, 235 (2010).

[20] T. Watanabe, T. A. Ivandini, Y. Makide, A. Fujishima, Y. Einaga, *Anal. Chem.*, **78**, 7857 (2006).

[21] T. Watanabe, Y. Einaga, *Biosensors and Bioelectronics*, **24**, 2684 (2009).

[22] A. M. Bond, *Analyst*, **119**, R 1 (1994).

[23] P. S. Cahill, Q. D. Walker, J. M. Finnegan, G. E. Mickelson, E. R. Travis, R. M. Wightman, *Anal. Chem.*, **68**, 3180 (1996).

[24] E. Popa, H. Notsu, T. Miwa, D. A. Tryk, A. Fujishima, *Electrochem. Solid State Chem.*, **2**, 49 (1999).

[25] A. Suzuki, T. A. Ivandini, K. Yoshimi, A. Fujishima, G. Oyama, T. Nakazato, N. Hattori, S.Kitazawa, Y. Einaga, *Anal. Chem.*, **79**, 8608 (2007).

[26] K. Yoshimi, Y. Naya, N. Mitani, T. Kato, M. Inoue, S. Natori, T. Takahashi, A. Weitemier, N. Nishikawa, T. McHugh, Y. Einaga, S. Kitazawa, *Neuroscience Research*, **71**, 49 (2011).

[27] S. Fierro, M. Yoshikawa, O. Nagano, K. Yoshimi, H. Saya, Y. Einaga, *Sci. Rep.*, **2**, 901 (2012).

[28] 野村聡：ぶんせき, **8**, 468（2011）.
[29] N. Mitani, Y. Einaga, *J. Electroanal. Chem.*, **626**, 156（2009）.
[30] S. Fierro, N. Mitani, C. Comninellis, Y. Einaga, *Phys. Chem. Chem. Phys.*, **13**, 16795（2011）.
[31] S. Fierro, R. Seishima, O. Nagano, H. Saya, Y. Einaga, *Sci. Rep.*, **3**, 3257（2013）.
[32] 錦善則, 化学と工業, **67**, 977（2014）.
[33] Ch. Comninellis, A. Kapalka, S. Malato, S. A. Parsons, I. Poulios, D. Mantzavinos, *J. Chem. Tech. Biotech.*, **83**, 769（2008）.
[34] J. Farrell, F. J. Martin, H. B. Martin, W. E. O'Grady, P. Natishan, *J. Electrochem. Soc.*, **152**, E 14（2005）.
[35] P. A. Michaud, M. Panizza, L. Ouattara, T. Diaco, G. Foti, Ch. Comninellis, *J. Appl. Electrochem.*, **33**, 151（2003）.
[36] B. Marselli, J. Garcia-Gomez, P. A. Michaud, M. A. Rodrigo, Ch. Comninellis, *J. Electrochem. Soc.*, **150**, D 79（2003）.
[37] A. Kapalka, G. Foti, Ch. Comninellis, *Electrochem. Commun.*, **10**, 607（2008）.
[38] H. B. Suffredini, S. A. S. Machado, L. A. Avaca, *J. Braz. Chem. Soc.*, **15**, 16（2004）.
[39] M. A. Q. Alfaro, S. Ferro, C. A. Martinez-Huitle, Y. M. Vong, *J. Braz. Chem. Soc.*, **17**, 227（2006）.
[40] G. Fóti, D. Gandini, Ch. Comninellis, A. Perret, W. Haenni, *Electrochem. Solid-State Lett.*, **2**, 228（1999）.
[41] CONDIAS, http://condias.de/cms/（最終アクセス 2015 年 11 月 12 日）.
[42] S. Fierro, Y. Honda, Y. Einaga, *Bull. Chem. Soc. Jpn.*, **86**, 749（2013）.
[43] N. Borras, R. Oliver, C. Arias, E. Brillas, *J. Electroanal. Chem.*, **689**, 1589（2013）.
[44]（株）アイ電子工業, ダイヤモンドウォーター, http://www.ailove.co.jp/ozone/diamond.htm（最終アクセス 2015 年 11 月 12 日）.
[45] 柏崎ユーエステック（株）, DeoShower, http://www.k-ust.jp/deoshower/index.html（最終アクセス 2015 年 11 月 12 日）.
[46] 日本医療・環境オゾン学会, http://js-mhu-ozone.com/（最終アクセス 2015 年 11 月 12 日）.
[47] 淵上寿雄監修,『有機電解合成の基礎と可能性（CMC テクニカルライブラリー, ファインケミカルシリーズ）』シーエムシー出版（2009）.
[48] D. Zollinger, U. Griesbach, H. Pütter, Ch. Comninellis, *Electrochem. Commun.*, **6**, 605（2004）.
[49] A. Kirste, G. Schnakenburg, F. Stecker, A. Fischer, S. R. Waldvogel, *Angew. Chem. Int. Ed.*, **49**, 971（2010）.

[50] T. Sumi, T. Saitoh, K. Natsui, T. Yamamoto, M. Atobe, Y. Einaga, S. Nishiyama, *Angew. Chem. Int. Ed*., **51**, 5443 (2012).
[51] K. Nakata, T. Ozaki, C. Terashima, A. Fujishima, Y. Einaga, *Angew. Chem. Int. Ed*., **53**, 871 (2014).
[52] Y. Hori, K. Kikuchi, S. Suzuki, *Chem. Lett*., 1695 (1985).
[53] Y. Hori, H. Wakebe, T. Tsukamoto, O. Koga, *Electrochim. Acta*., **39**, 1833 (1994).
[54] T. Saeki, K. Hashimoto, N. Kimura, K. Omata, A. Fujishima, *J. Electroanal. Chem*., **404**, 299 (1996).
[55] K. Hara, A. Tsuneto, A. Kudo, T. Sakata, *J. Electrochem. Soc*., **141**, 2097 (1994).

第5章

ダイヤモンド電極の高機能化

5.1 表面終端と電極特性

　マイクロ波プラズマCVD装置（図2.4）により作製したダイヤモンド電極は，水素プラズマ中で作製するため，初期には，水素終端状態として得られる[1]．一方，爆縮法や粉砕法などにより作製されるダイヤモンド粉末は酸素官能基が表面上に存在し，酸素終端状態として得られることが知られている[2]．このように，ダイヤモンドの表面化学種は，化学的に変換できるが，これもダイヤモンドの大きな特徴の一つであるといえる．例えば，水素終端ダイヤモンドを酸素終端状態へと変換する方法として，硝酸や過酸化水素などを用いた熱処理[3]および陽極酸化[4]によって酸化する方法や，酸素中における熱反応[5]，オゾン処理[6]および酸素プラズマ処理[7]によって酸化する方法がある．また，酸化処理の方法によって，含まれる酸素官能基の種類やその割合を変化させることができることも知られている[8]．一方，酸素終端を水素終端へと変換する方法としては，陰極還元[9]，水素プラズマ処理[10]および水素ガス雰囲気下における加熱[3]による方法などがある．

5.1.1 水素終端ダイヤモンドと酸素終端ダイヤモンド

ホウ素をドープしていない水素終端および酸素終端ダイヤモンドを比較した場合,真空中ではどちらも絶縁体であるが,大気中では水素終端ダイヤモンドのみがp型の表面伝導を示す [11](第3章,3.3節参照).さらに,ホウ素を低濃度ドープしたダイヤモンドに関しても,水素終端ダイヤモンドのほうが酸素終端ダイヤモンドよりもキャリア密度が増大し,伝導度が向上するという報告もなされている [11].これは,ダイヤモンド表面の吸着水やそれに含まれるイオンが原因であると考えられている [12-15].水素終端ダイヤモンドでは,吸着水中に含まれるイオンのLUMOよりもダイヤモンドの価電子帯の上端が高い準位にあるため,ダイヤモンドからイオンへの電子移動が起こり,ダイヤモンドの表面にホールが生成する(図5.1).一方,酸素終端ダイヤモンドの場合,イオンのLUMOよりも価電子帯の上端が低い準位にあるため,電子移動が起こらない.このようなことから,水素終端ダイヤモンドと酸素終端ダイヤモンドの伝導度に大きな変化が生じていると考えられている.これは,広いバンドギャップと負の電子親和力をもつ水素終端ダイヤモンド特有の現象であるといえる [12-15].

また,水の接触角による表面の濡れ性(親水性/疎水性)についても,終端によって異なる.実際,水素アニール処理および陽極酸化処理を施したダイヤモンド電極(水素終端)に対して,水の接触角測定により表面の濡れ性を評価した.その結果,水素アニール処理後の水素終端ダイヤモンド電極における水の接触角は,90.1±2.3°であり,疎水的な表面が観測された(図5.2a).一方,陽極酸化後の酸素終端ダイヤモンド電極における水の接触角は,29.9±2.4°であり,親水的な表面へと変化したといえる(図5.2b).さらに,再び水素アニール処理を施したダイヤモンド電極における水の

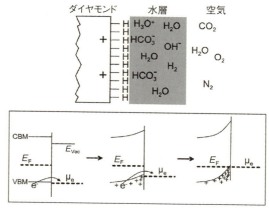

図 5.1 水素終端ダイヤモンドにおける表面伝導のメカニズム
CBM：伝導帯下端，E_F：フェルミ準位，μ_e：吸着水中イオンの LUMO（最低空軌道），VBM：価電子帯上端，E_{vac}：真空準位.
【出典】[12] より転載許可を得て引用.

図 5.2 水の接触角測定
(a) 水素終端，(b) 酸素終端，(c) 再び水素終端.

接触角は，92.0±1.4°となり，疎水的な表面へと回復していることがわかる（図 5.2 c）．水素終端ダイヤモンドは表面が C−H 結合で覆われているため，疎水的な表面となり，酸素終端ダイヤモンドは表面に酸素官能基が多く存在するため，ダイヤモンド表面の極性が大きくなり，親水的な表面となったと考えられる [16]．

このように表面終端を変化させることによって，ダイヤモンドの電気特性が変化するということは，半導体分野においてもよく知ら

れているが,ホウ素を高濃度にドープした「ダイヤモンド電極」においても,この終端の違いが電気化学特性に影響を及ぼすことがわかっている.

ホウ素のドープ量その他,ダイヤモンド電極の組成等によりその特性は変化するため,詳細は他に譲るが [17],ここでは特に典型的な水素終端ダイヤモンド電極,酸素終端ダイヤモンド電極における $[Fe(CN)_6]^{3-/4-}$ の酸化還元特性を示す(図5.3).表面終端を変えることにより,酸化還元のピーク電位差が変化していることがわかる.これは,酸化還元種(ここでは $[Fe(CN)_6]^{3-/4-}$)と電極界面の相互作用が原因の一つであると考えられており,電気化学特性が表面化学種に敏感であることを示している.例えば,分析用途において,水素終端ダイヤモンド電極ではドーパミンとアスコルビン酸の酸化電位は区別できないが,酸素終端ダイヤモンド電極では,アスコルビン酸の酸化電位のシフトによりその物質を区別できるようになった例がある(図5.4)(第4章,4.3.1項参照).その他,分析以外の用途においても,その電気化学特性を議論する際,表面終端について考慮することを忘れてはならない.

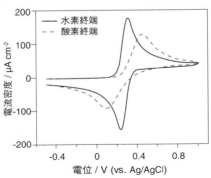

図5.3 $[Fe(CN)_6]^{3-/4-}$ 水溶液(1 mM)の酸化還元挙動の表面終端による相違

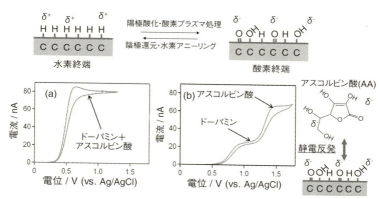

図5.4 表面終端の制御によるドーパミン,アスコルビン酸の分離検出
ダイヤモンドマイクロ電極によるドーパミン,アスコルビン酸混合水溶液のサイクリックボルタモグラム.10 μM ドーパミンと 100 μM アスコルビン酸の混合水溶液での測定.(a)水素終端,(b)酸素終端.

5.2 機能をもつ分子の表面修飾による高機能化

　前述のように,水素終端を酸素終端に変化させることで電極特性を制御できる.また,ダイヤモンドの表面に共有結合を利用した化学修飾が可能であることも特徴である.実際に,さまざまな機能分子を修飾して新たな機能を付与することが可能となっている [18-21].例えば,ダイヤモンド電極によりシュウ酸を電気化学的に高感度に検出することができることを,第4章,4.2.1項にて述べた.この検出の感度をさらに上げるために,ダイヤモンド電極表面に化学的に機能分子を修飾し,実際に超高感度化を達成した例がある.アリルトリエチルアンモニウム臭化物(Allyltriethylammonium bromide,ATAB)をダイヤモンド電極表面に修飾して,ダイヤモンド電極の表面をより正電荷を帯びる状態にすることで,シュウ酸

($C_2O_4^{2-}$) の検出感度を向上させた，というものである（図 5.5）[21]．表面の電荷をより正に導くことで，シュウ酸分子との相互作用を高め，センサー感度を向上することができたといえる．これは，光誘起ラジカル反応性化合物を光化学的反応により表面に固定したものであるが，光反応のみならず，熱的反応や，電気化学修飾などの手法を用いてさまざまに表面を機能化することが可能である．

コラム 4

電極の表面を変えて新機能を

ダイヤモンドは炭素のみからなる結晶である．ダイヤモンド結晶中の一つの炭素原子に着目すると，四つの隣接する炭素原子と共有結合している．一方，結晶の最表面の炭素原子には結合する相手の炭素原子の足りていない結合手（ダングリングボンド）ができてしまうため，通常は水素や酸素などの異種原子と結合し，C−H や C−OH などの表面終端構造を形成して安定化している．これらの表面官能基は，有機化合物におけるそれらと同等の反応性を有していると考えることができるため，それを足がかりにした共有結合による機能化が可能である．

ダイヤモンド水素終端表面と末端アルケンとの光化学反応を用いて分子を共有結合により固定化する方法は，そのような表面化学修飾法の一つである（図a）この光化学修飾法では，さまざまな種類のアルケンが容易に入手可能なので，導入できる分子の種類が比較的豊富である．例えば，ビニルフェロセンを用いた光化学修飾法により作製したフェロセン修飾ダイヤモンド電極の表面には，電気化学測定により単分子層相当のフェロセニル基が存在することが示唆されている[1]．

末端アルケンを用いた光化学修飾法やアリールジアゾニウム塩を用いる表面修飾法（図 b）[2]では安定な C−C 共有結合によりさまざまな分子や末端官能基

5.3 酸素プラズマで構造付与

ここまで，材料としてのダイヤモンドならびにダイヤモンド電極のメリットに焦点をあてて記述してきた．従来の電極材料である金属材料は，展性，延性に富むために機械工作が容易であるが，「加工」という観点では，ダイヤモンドは，非常にそれが難しい材料である．すなわち，さまざまな形態のダイヤモンド電極を作製して新

をダイヤモンド表面に固定化できるため，電極の機能化に有用な方法である．

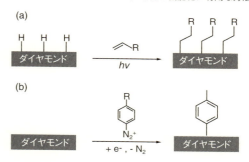

図　炭素－炭素共有結合形成を介したダイヤモンド電極の表面化学修飾
(a) 末端アルケンを用いる光化学修飾法，(b) アリールジアゾニウム塩法．

（東京理科大学理工学部　近藤剛史）

引用文献
1) T. Kondo, H. Hoshi, K. Honda, Y. Einaga, A. Fujishima, T. Kawai, *J. Phys. Chem. C*, **112**, 11887–11892 (2008).
2) H. Uetsuka, D. Shin, N. Tokuda, K. Saeki, C.E. Nebel, *Langmuir*, **23**, 3466–3472 (2007).

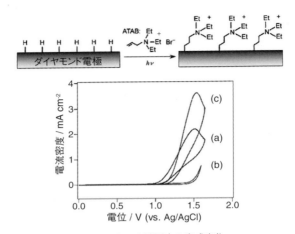

図 5.5 シュウ酸測定の高感度化
(上) 水素終端ダイヤモンド電極上に ATAB を光化学修飾. (下) シュウ酸のサイクリックボルタモグラム.
(a) 水素終端, (b) 酸素終端, (c) ATAB 修飾ダイヤモンド電極.
【出典】[21] より転載許可を得て引用.

しい機能発現を目指す,という展開は簡単ではない.しかしながら,ダイヤモンドは「炭素材料」であることから,酸素プラズマによりエッチングすることが可能である,つまり,条件により加工が可能であるといえる.この方法により,新たな構造をデザインし,新規な機能を見出す試みも注目を集めている.

5.3.1 ナノハニカムダイヤモンド電極 [22]

金属アルミニウムを陽極酸化することにより得られるポーラスアルミナをマスクとしてダイヤモンド電極上に配置し,その上から酸素プラズマ照射を行うことで,ダイヤモンドに規則正しいホールを形成させた.ホールの直径は平均 70 nm,ホール間の距離は平均

100 nm である非常に規則正しいナノハニカムダイヤモンド電極が作製された（図 5.6）．この電極は，ホールサイズなどを制御することも可能であり，電位を印加できる物質分離膜，あるいは紫外光領域におけるフォトニック結晶材料としての応用など，さまざまな応用展開が期待できる．

5.3.2　針状突起構造ダイヤモンド電極 [23]

多結晶ダイヤモンド電極に，酸素ガス圧 20 Pa，RF 出力 300 W の反応性イオンエッチング（RIE）を 10 分間施すだけで，ダイヤモンド表面はエッチングされ，興味深い構造体が得られる．このような針状突起構造体も，多くの応用が期待できる．

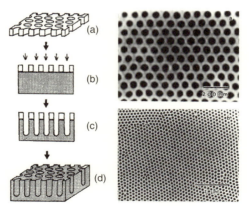

図 5.6　ナノハニカムダイヤモンド
（左）ナノハニカムダイヤモンド電極の作製手順．（右）ナノハニカムダイヤモンド電極の拡大画像．
【出典】[22] より転載許可を得て引用．

5.3.3 1滴の試料でも分析可能な「ダイヤモンドチップ電極」[24]

絶縁性の Al_2O_3 基板上にホウ素ドープダイヤモンド（BDD）を製膜し，酸素プラズマを用いた微細加工技術により少量試料測定用の3電極系を1枚のチップ上に作製することを試みた（図 5.7 a）．具体的には，

① MPCVD 法（Microwave Plasma assisted Chemical Vapor Deposition，マイクロ波プラズマ化学気相成長法）による基板上への BDD の製膜

コラム 5

ダイヤモンドをよりフレキシブルに―印刷電極―

ダイヤモンド電極は，通常，シリコンやニオブなどの基板上に CVD 法によりホウ素ドープダイヤモンド薄膜を製膜することで得られる．CVD プロセス中は高温（800℃以上）となるため，耐熱性に優れ，かつダイヤモンドとの熱膨張係数の近い材料しか基板として利用できない．このような基板材料への制限は，ダイヤモンド電極の低コスト化，軽量化，形状の多様化を阻む原因となっている．

そのような問題に対する解決策として，ホウ素ドープダイヤモンドパウダーを用いたスクリーン印刷によるダイヤモンド電極の作製が提案されている[1]．比較的入手しやすいダイヤモンド粉末（絶縁体）を基材とし，CVD 法によりホウ素ドープダイヤモンド層をコーティングすることにより，導電性を有する粉末状のホウ素ドープダイヤモンドを得ることができる．このホウ素ドープダイヤモンドパウダーをインク化し，スクリーン印刷技術を用いて，さまざまな基板上にダイヤモンド電極を「印刷」することができる（右図）．従来材料であるカーボン印刷電極との比較では，このダイヤモンド印刷電極のほうが高感度な電気化学分析が可能であることが示されている．ダイヤモンド印刷電極

② BDD 薄膜上へフォトレジスト（SU-8）による電極パターンの作製
③ 酸素プラズマによる BDD のエッチング
④ 残渣レジストの除去，洗浄
⑤ 電極面積固定用のマスクの作製
⑥ 基準電極としての Ag/AgCl インクを塗布

という手順で目的のチップ電極を作製した（図 5.7 b）．SEM やラマン分光測定により，sp^2 炭素がほとんど含まれていないダイヤモ

は，軽量，フレキシブル，安価で使い捨て可能，かつ高感度な電極として，ポイントオブケアデバイスやウェアラブルデバイス用のセンサーとしての利用が期待される．

図　ポリイミド基板上に作製したダイヤモンド印刷電極

（東京理科大学理工学部　近藤剛史）

引用文献
1) T. Kondo, H. Sakamoto, T. Kato, M. Horitani, I. Shitanda, M. Itagaki, M. Yuasa, *Electrochem. Commun*., **13**, 1546–1549 (2011).

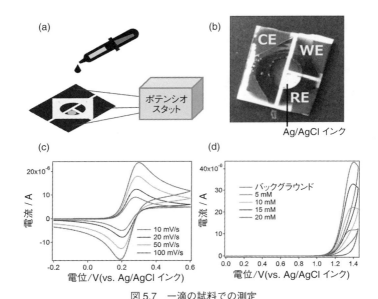

図5.7 一滴の試料での測定
(a) 1滴の試料での分析のイメージ，(b) 作製したダイヤモンドチップ電極，(c) [Fe(CN)$_6$]$^{3-/4-}$水溶液（1 mM）の酸化還元挙動（走査速度依存性），(d) シュウ酸水溶液の濃度依存性．
【出典】[24] より転載許可を得て引用．

ンド構造を有する電極であることを確認し，10 μL の溶液で，電気化学測定を行った．フェロシアン化カリウム水溶液の酸化還元特性を測定したところ，ピーク電流値が走査速度に依存していることから，式 (5.1) が成立していると考えられ，反応物の電極への吸着がなく，電子移動がスムーズに行われていることがわかった（図 5.7 c）．

$$I_\mathrm{p} = 2.69 \times 10^5 n^{3/2} A\, D^{1/2} v^{1/2} c \tag{5.1}$$

また，この式から求めるピーク電流値は実験結果のピーク電流値とほぼ等しい値であり，ダイヤモンド電極の特性であるバックグラウンドが小さいという特性を反映している．さらに，シュウ酸を測定した結果，1.35 V vs. Ag/AgCl 付近にシュウ酸の酸化ピークを観測することができ，ダイヤモンド電極の特徴である「広い電位窓」の特性を生かした測定が可能であることもわかった（図 5.7 d）．さらに尿酸の測定を行ったところ，検出限界は 1.03 µM であり，通常の平板ダイヤモンド電極とほぼ変わらない高感度な測定を行うことができることも確認できた．

引用文献

[1] F. G. Celii, P. E. Patterson, H. T. Wang, J. E. Butler, *Appl. Phys. Lett.*, **52**, 2043 (1988).
[2] J. B. Miller, D. W. Brown, *Langmuir*, **12**, 5809 (1996).
[3] T. Ando, M. Ishii, M. Kamo, Y. Sato, *J. Chem. Soc. Faraday Trans.*, **89**, 1783 (1993).
[4] H. A. Girard, N. Simon, D. Ballutaud, D. E. Rochefoucauld, A. Etcheberry, *Diamond Relat. Mater.*, **16**, 888 (2007).
[5] S. Ferro, M. D. Colle, A. D. Battisti, *Carbon*, **43**, 1191 (2005).
[6] T. Sakai, K. S. Song, H. Kanazawa, Y. Nakamura, H. Umezawa, M. Tachiki, H. Kawarada, *Diamond Relat. Mater.*, **12**, 1971 (2003).
[7] H. Notsu, T. Fukazawa, T. Tatsuma, D. A. Tryk, A. Fujishima, *Electrochem. Solid-State Lett.*, **4**, H 1 (2001).
[8] M. Wang, N. Simon, C. Decorse-Pascanut, M. Bouttemy, A. Etcheberry, M. Li, R. Boukherroub, S. Szunerits, *Electrochim. Acta*, **54**, 5818 (2009).
[9] G. R. Salazar-Banda, L. S. Andrade, P. A. P. Nascente, P. S. Pizani, R. C. Rocha-Filho, L. A. Avaca, *Electrochim. Acta*, **51**, 4612 (2006).
[10] T. Ando, M. Ishii, M. Kamo, Y. Sato, *J. Chem. Soc. Faraday Trans.*, **89**, 1383 (1993).
[11] K. Hayashi, S. Yamanaka, H. Okushi, K. Kajimura, *Appl. Phys. Lett.*, **68**, 376 (1996).
[12] F. Maier, M. Riedel, B. Mantel, J. Ristein, L. Ley, *Phys. Rev. Lett.*, **85**, 3472 (2000).
[13] J. Ristein, M. Riedel, L. Ley, *J. Electrochem. Soc.*, **151**, E 315 (2004).
[14] V. Chakrapani, J. C. Angus, A. B. Anderson, S. D. Wolter, B. R. Stoner, G. U. Sumanasekera, *Science*, **318**, 1424 (2007).

[15] Y. Takagi, K. Shiraishi, M. Kasu, H. Sato, *Surf. Sci.*, **609**, 203 (2013).
[16] L. Ostrovskaya, V. Perevertailo, V. Ralchenko, A. Dementjev, O. Loginova, *Diamond Relat. Mater.*, **11**, 845 (2002).
[17] T. Watanabe, Y. Honda, K. Kanda, Y. Einaga, *Physica Status Solidi (a)*, **211**, 2709 (2014).
[18] 近藤剛史, 栄長泰明, 藤嶋昭, 河合武司, 表面, **43**, 30 (2005).
[19] T. Kondo, H. Hoshi, K. Honda, Y. Einaga, A. Fujishima, T. Kawai, *J. Phys. Chem. C.*, **112**, 11887 (2008).
[20] T. Kondo, S. Aoshima, K. Hirata, K. Honda, Y. Einaga, A. Fujishima, T. Kawai, *Langmuir*, **24**, 7545 (2008).

コラム 6

ダイヤモンドウイスカー電極

　ダイヤモンド電極はユニークな特徴を持っており，電気化学応用が盛んである．電気化学は表面反応であることから，材料そのものの特性を維持しつつ表面を多孔化することで，反応面積を大きくした新たな応用展開が可能となる．例えば，オゾンの大量生成技術や燃料電池用触媒担体などがある．ダイヤモンド電極は効率のよいオゾン生成用電極として知られているが，より多くのオゾンを生成するには表面積が大きいことが望まれる．ところが，ダイヤモンドは超硬工具にも使われているように非常に硬い材料であり，その表面を多孔化することは難しい．また，単に表面を粗化すればよいのではなく，特に電気化学的特性を考えた場合，針状構造にするなど反応物質が電極表面に到達しやすく，反応電子が素早く移動できるようにするのが好ましい．

　平行平板型高周波プラズマにおいて反応ガスに酸素を用いた異方性エッチングを行い，針状突起構造をもつダイヤモンド電極（ウィスカー電極ともいう）の作製と応用についての報告があった．ホウ素をドープして合成したダイヤモンドはダイヤモンド電極として機能するが，ホウ素ドープ量が高濃度になると，反応性イオンエッチングによりダイヤモンドウィスカーを形成できる．形成機構そのものも面白いが，単にエッチングするだけで，針状突起のサイズが

[21] T. Kondo, Y. Niwano, A. Tamura, T. A. Ivandini, Y. Einaga, D. A. Tryk, A. Fujishima, T. Kawai, *Electroanalysis*, **14**, 1556 (2008).
[22] H. Masuda, M. Watanabe, K. Yasui, D. A. Tryk, T. N. Rao, A. Fujishima, *Adv. Mater.*, **12**, 444 (2000).
[23] C. Terashima, K. Arihara, S. Okazaki, T. Shichi, D. A. Tryk, T. Shirafuji, N. Saito, O. Takai, A. Fujishima, *ACS Appl. Mater. Int.*, **3**, 177 (2011).
[24] A. Sugitani, M. Katayama, T. Watanabe, Y. Matsumoto, Y. Einaga, *RSC Adv.*, **3**, 25636 (2013).

直径20 nm,長さ200 nm,そして密度 3.8×10^{10} cm^{-2}の表面構造を形成できることも工業的には重要である.図に示したように,ダイヤモンド電極表面を高密度に針状突起で配列させたダイヤモンドウィスカーは,とても汎用性の高い製造方法で形成することができ,大表面積であることからダイヤモンド電極よりも大きな反応場が得られ,さまざまな応用の可能性が期待できる.

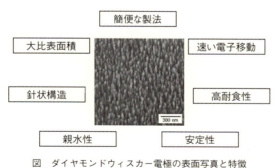

図 ダイヤモンドウィスカー電極の表面写真と特徴

(東京理科大学総合研究機構　寺島千晶)

第6章

将来展望

　現在の時点では，応用例によっては，実用化が間近のものからまさにこれから，というものまであるが，いずれにしても，「ダイヤモンド電極」はレアメタルフリーである炭素材料でありながら，さまざまな場面で次世代の環境改善・医療応用，その他さまざまな場面で活躍するポテンシャルを十二分にもつ有能な機能電極であるといえる（図6.1）．

　ダイヤモンド電極は，その場での高感度な「環境汚染物質センシング」を可能にし，「高効率水処理・汚水浄化」を可能にする．数年先には，例えば，身近なところで，「汚染物質モニター」にダイヤモンド電極が利用され，汚水処理にダイヤモンド電極搭載のシス

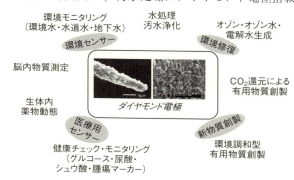

図6.1　ダイヤモンド電極の応用展開

テムが用いられ，災害時ダイヤモンド電極搭載の小型浄水器が各家庭に備わるのも夢ではないかもしれない．各家庭では，健康チェックの簡易装置が備わり，医療機関では，血液や尿検査のみならず，手術中の物質モニターをはじめ，簡便な「簡便・高感度健康チェッ

コラム7

電極の性質はこれで決まる？

キラキラと輝く宝石のダイヤモンドは，4Cと呼ばれるCut（研磨），Clarity（透明度），Carat（重量），Color（色）の性質でその価値が決められる．電極材料として利用されるダイヤモンドの多くは黒色の多結晶体であり，4C基準で評価すると無価値かもしれない．しかし，電極としての価値は美しさではなく，導電性，高い耐久性，目的の反応への高い活性などで考えるべきである．ダイヤモンド電極の場合，これらの性質はホウ素濃度や表面終端元素などの影響を受ける．

ところで，"永遠の輝き"の謳い文句で売られるダイヤモンドであるが，実際は1,000℃もの高温になると，ダイヤモンドは酸素と反応して徐々に消えていく．これはダイヤモンドが炭素からできているために，二酸化炭素になってしまうわけである．炭素からなるダイヤモンドには，黒鉛（グラファイト）を構成するsp^2炭素が不純物として含まれることがある．このsp^2不純物炭素もダイヤモンド電極の性質に影響する．グラファイトなどの炭素電極は，ダイヤモンド電極に比べて，活性なサイトを多く持つために電位窓が狭く，また電極としての耐久性も低い．それゆえsp^2不純物炭素量が多くなると，ダイヤモンド電極の特長が失われてしまう．しかし，逆に言えばsp^2不純物炭素を利用することで，ダイヤモンド電極の性質を変化させることが可能となる．電気化学特性へのsp^2不純物炭素の影響はホウ素の濃度とも関係し，ホウ素濃度の高いダイヤモンドのほうが，その影響を受けやすい．高濃度のホウ素ドープダイヤモンド電極をsp^2炭素がわずかに混入するように作製すると，耐久性はダイヤモンドと同等であるが，電気化学特性はグラッシーカーボンのような高い活性

クシステム」に利用される，という夢も膨らむ．一方，資源，環境，エネルギー問題への貢献として，特に，CO_2 の電気化学還元や，有機電解合成の展開は，効率的な新物質合成が可能となるため，大いに期待されている．このように，日常の多くの場面で不可

を示すようになる．このような電極は，廃水処理には適さないが，オゾン水生成において優れた性質を示すことがわかっている．したがって，ホウ素と sp^2 炭素をコントロールすることで，目的に合った性質のダイヤモンド電極を仕立てることが可能となる（下図）．

このようにダイヤモンド電極の性質はホウ素や sp^2 炭素の影響を受け，場合によっては鉛筆の芯を構成するような sp^2 炭素でも，電極としてのダイヤモンドの価値を高めてくれる．

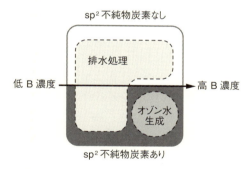

図　廃水処理とオゾン水生成への適性マトリックス

ダイヤモンド電極のホウ素濃度が高いと電気化学特性への sp^2 不純物炭素の影響が大きくなり，OH ラジカルによる有機物分解能が低下する．一方，オゾン水生成においては電流効率が向上する．

（慶應義塾大学理工学部　渡辺剛志）

欠な電極材料となる可能性を秘めている，という材料である．

　繰返しになるが，この「ダイヤモンド電極」のポテンシャルが次々に見出されていることから，その応用に関する研究開発が盛んになってきているが，その一方で，この「ダイヤモンド電極」の興味深い物性の理解に関する興味，ならびに基礎評価の重要性も急激に増してきている．なぜなら，応用に関する展開を進める過程においては，その「ダイヤモンド電極」の基礎物性に立ち帰らざるを得ないからである．

　多くの応用においては，技術的に優れていても，近い将来には，特にコスト等の問題がボトルネックになる可能性も高い．その課題に向け，電極としての品質を担保した大面積「ダイヤモンド電極」，あるいは装置の大規模化に向けた開発も進められている．その一方で，現状では，品質が担保されている「多結晶体のホウ素ドープダイヤモンド」が実用化に最も現実的であると考えられており，実際にこの「多結晶体」を用いた研究開発が中心である．

　しかし，この「多結晶体のホウ素ドープダイヤモンド」は無機材料という観点でみると，実は大変に複雑なものである．一見，構成元素は「炭素とホウ素」のみであり，比較的単純な材料である，と思えるが，実は，「ホウ素のドープ量」「微量なsp^2炭素成分」「結晶粒界」「電極の表面終端元素」等，電極特性を決定する要因は複雑に関係しつつ存在するということが徐々に明らかになってきている．実際に，「ダイヤモンド電極」の特異な機能を発現する材料の素性と，その機能の原因を追及することについても関心が高まっており，「多結晶体のホウ素ドープダイヤモンド」そのものの詳細な物性評価はもちろん，例えば単純な系（例えば，粒界の存在しない単結晶によるダイヤモンド電極）における研究例[1]，さらには，界面の電子状態の直接観測や理論化学による知見[2,3]などか

ら，電子物性と界面電気化学反応の相関の考察についても徐々に明らかになってきており，このような基礎的知見に関しても展開も著しい．近い将来，さまざまな応用例のそれぞれに対し，最適な電極の設計指針が明確になり，基礎，応用の両面で発展することが期待される．いずれにしても，「古くて新しいダイヤモンド」が魅力あるマテリアルであることは間違いない．

引用文献

[1] T. Kondo, Y. Einaga, B. V. Sarada, T. N. Rao, D. A. Tryk, A. Fujishima, *J. Electrochem. Soc.*, **149**, E 179 (2002).
[2] S. Zhao, K. Larsson, *J. Phys. Chem. C*, **118**, 1944 (2014).
[3] Z. Futera, T.Watanabe, Y. Einaga, Y. Tateyama, *J. Phys. Chem. C*, **118**, 22040 (2014).

索　引

【欧文・略号】

CO$_2$ ································76
CO$_2$ 還元 ···························78

in vivo ······························49
in vivo 測定 ······················56
IR 降下 ······························55

OH ラジカル ··············66, 67, 73

pH ·································61, 64
p 型半導体 ··························26

【ア行】

アクセプター準位 ···················28
アセトン ·····························17
アミノ酸 ·····························48
胃 ·····································64
イオン注入 ······················41, 42
陰極還元 ·····························73

オゾン ···························69, 72
オゾン水 ························69, 72

【カ行】

カーボンファイバー ················21
カーボンファイバー電極 ···········56
海水 ··································78
化学気相法 ·····················13, 15
ガスセンサー ·······················45
過電圧 ·······························22
環境モニタリング ··················39

がんマーカー ·······················49
ギ酸 ·····························77, 79
球状拡散 ························52, 53
グラッシーカーボン ················21
グルタチオン ·······················58
クロノアンペロメトリー ··········53
クロノアンペロメトリー測定 ····59
クロノポテンシオメトリー ···62, 64

結晶粒界 ····························102
限界電流 ····························55

高圧法 ·······························13
酵素活性 ····························51
高配向パイログラファイト ·······21
コットレルプロット ··········53, 54

【サ行】

酸素終端 ·····················83, 84, 86
酸素プラズマ ·······················90
酸素プラズマ処理 ··················73
残留塩素 ····························40

歯科治療 ····························70
重金属 ·······························45
シュウ酸 ····························46
腫瘍マーカー ·······················58
触媒 ··································42

水素終端 ···············30, 31, 83, 84, 86
水素プラズマ ·······················16
水素プラズマ処理 ··················73
ストリッピング法 ··················43

スパッタ ……………………………23
生体計測 ……………………………55
生体内 ………………………………49
線形拡散 ……………………………52

【タ行】

ダイヤモンドウイスカー電極 …………96
ダイヤモンドチップ電極 ………………92
ダイヤモンドマイクロ電極…56,58,59,64
多結晶体 ……………………17,102
タンパク質 …………………………48
タンパク質の変性 …………………51

超伝導 ……………………………4,26

定常電流 ……………………………52
電位窓 ………………21,35,39,40,47,62
電界効果トランジスタ ………………33
電気化学分析 ………………………5
電子移動律速 ………………………67
電子サイクロトロン共鳴 ……………23

ドーパミン …………………………56
ドーパント …………………………26
ドーピング …………………………2
トランスファードーピング ……………34
トリメトキシボラン …………………17

【ナ行】

ナノハニカム ………………………90
ナノハニカムダイヤモンド電極 ………91

濡れ性 ………………………………84
熱フィラメントCVD ……………………15

【ハ行】

バックグラウンド電流 ……36,39,42,47
パブロフの実験 ……………………58
半導体ダイヤモンド …………………25
バンドギャップ ……………………25,31,32
反応性イオンエッチング ………………91

光電気化学 …………………………5
ヒ素 …………………………………41
ヒドロキシルラジカル ………………66
表面改質 ……………………………45
表面化学終端 ………………………5
表面修飾 ……………………………87
表面終端 ……………………………86
表面伝導性 …………………………32

ファラデー効率 ……………………76
フェルミ準位 ………………28,29,31,34
物質移動律速 ………………………67
プラズマCVD ………………………16
フラットバンド電位 …………………30
フローインジェクション分析法 …42,48

ホルムアルデヒド ………………76,78,79

【マ行】

マイクロ波プラズマCVD………………83
マイクロフローシステム ………………74

水処理 ……………………………5,66,67

メトキシラジカル …………………73,74,75

【ヤ行】

有機合成 ……………………………72
有機電解合成 ……………………72,73,101
有機物分解 …………………………66

陽極酸化 …………………………………73

【ラ行】

ラマンスペクトル …………………………17

リアルタイム ……………………59, 61, 64
リカリン A …………………………………74
リニアスイープボルタンメトリー ……61
レアメタルフリー …………………………99

〔著者紹介〕

栄長泰明（えいなが　やすあき）
1994年　東京大学理学部化学科卒業
1999年　東京大学大学院工学系研究科応用化学専攻博士課程修了
　　　　博士（工学）
2011年　慶應義塾大学理工学部化学科　教授，現在に至る
専　門　機能性材料・電気化学・光化学

化学の要点シリーズ　14　Essentials in Chemistry 14

ダイヤモンド電極
Diamond Electrodes

2015年12月25日	初版1刷発行
著　者	栄長泰明
編　集	日本化学会　ⓒ2015
発行者	南條光章
発行所	共立出版株式会社
	［URL］　http://www.kyoritsu-pub.co.jp/
	〒112-0006 東京都文京区小日向4-6-19　電話 03-3947-2511（代表）
	振替口座　00110-2-57035
印　刷	藤原印刷
製　本	協栄製本

printed in Japan

検印廃止
NDC 431.7, 572.4
ISBN 978-4-320-04419-7

一般社団法人
自然科学書協会
会員

JCOPY　＜出版者著作権管理機構委託出版物＞
本書の無断複製は著作権法上での例外を除き禁じられています．複製される場合は，そのつど事前に，
出版者著作権管理機構（ＴＥＬ：03-3513-6969，ＦＡＸ：03-3513-6979，e-mail：info@jcopy.or.jp）の
許諾を得てください．

化学の要点シリーズ

日本化学会 編／全50巻刊行予定

❶ 酸化還元反応
佐藤一彦・北村雅人著　Ⅰ部：酸化（金属酸化剤による酸化 他）／Ⅱ部：還元（単体金属還元剤 他）／他‥‥‥‥**本体1700円**

❷ メタセシス反応
森 美和子著　二重結合どうしのメタセシス反応／二重結合と三重結合の間でのメタセシス反応／他‥‥‥‥‥‥**本体1500円**

❸ グリーンケミストリー
―社会と化学の良い関係のために―
御園生 誠著　社会と化学／自然と人間社会／エネルギーと化学／他‥‥**本体1700円**

❹ レーザーと化学
中島信昭・八ッ橋知幸著　レーザーは化学の役に立っている／光化学の基礎／レーザー／高強度レーザーの化学 他　**本体1500円**

❺ 電子移動
伊藤 攻著　電子移動の基本事項／電子移動の基礎理論／光誘起電子移動／展望と課題／問題の解答案／他‥‥‥‥**本体1500円**

❻ 有機金属化学
垣内史敏著　配位子の構造的特徴／有機金属化合物の合成／遷移金属化合物が関与する基本的な素反応／他‥‥‥‥**本体1700円**

❼ ナノ粒子
春田正毅著　ナノ粒子とは？／物質の寸法を小さくすると何が変わるか／ナノ粒子はどのようにしてつくるか／他　**本体1500円**

❽ 有機系光記録材料の化学
―色素化学と光ディスク―
前田修一著　有機系光記録材料のあけぼの／日本発の発明：CD-R／他‥‥**本体1500円**

❾ 電　池
金村聖志著　電池の歴史／電池の中身と基礎／電池と環境・エネルギー／電池の種類／電池の中の化学反応／他‥‥**本体1500円**

❿ 有機機器分析
―構造解析の達人を目指して―
村田道雄著　有機構造解析とは／質量分析スペクトル／NMRスペクトル他　**本体1500円**

⓫ 層状化合物
高木克彦・高木慎介著　層状化合物の分類と構造／層状化合物の基本的性質／層状化合物の機能／他‥‥‥‥‥**本体1500円**

⓬ 固体表面の濡れ性
―超親水性から超撥水性まで―
中島 章著　新しい濡れの科学／静的濡れ性／親水性／超撥水性 他‥‥**本体1700円**

⓭ 化学にとっての遺伝子操作
永島賢治・嶋田敬三著　ゲノムDNAの抽出・精製／プラスミドの性質と抽出法／大腸菌／制限酵素／他‥‥‥**本体1500円**

⓮ ダイヤモンド電極
栄長泰明著　ダイヤモンド電極とは？／ダイヤモンド電極の性質／ダイヤモンド電極の高性能化／他‥‥‥‥**本体1700円**

【各巻：B6判・並製本・96～206頁】
=== 以下続刊 ===

※税別価格（価格は変更される場合がございます）

http://www.kyoritsu-pub.co.jp/

https://www.facebook.com/kyoritsu.pub

共立出版